U0112463

—— 八闽茶韵 ——

安溪铁观音

福建省人民政府新闻办公室　编

主　编：陈剑宾

副主编：吴清远　谢景欣

编　委：陈德进　林爱娥　苏少民　苏培凌　陈宝真
林松洲　周爱民　胡明霞　黄东方

海峡出版发行集团 THE STRAITS PUBLISHING & DISTRIBUTING GROUP | 福建科学技术出版社 FUJIAN SCIENCE & TECHNOLOGY PUBLISHING HOUSE

图书在版编目（CIP）数据

安溪铁观音 / 福建省人民政府新闻办公室编；陈剑宾主编. —福州：福建科学技术出版社，2019.12
（“八闽茶韵”丛书）
ISBN 978-7-5335-5780-5

Ⅰ. ①安… Ⅱ. ①福…②陈… Ⅲ. ①茶文化－安溪县 Ⅳ. ①TS971.21

中国版本图书馆CIP数据核字（2018）第298761号

书　　名　安溪铁观音
　　　　　“八闽茶韵”丛书
编　　者　福建省人民政府新闻办公室
主　　编　陈剑宾
出版发行　福建科学技术出版社
社　　址　福州市东水路76号（邮编350001）
网　　址　www.fjstp.com
经　　销　福建新华发行（集团）有限责任公司
印　　刷　福建彩色印刷有限公司
开　　本　700毫米×1000毫米　1/16
印　　张　9.5
图　　文　152码
版　　次　2019年12月第1版
印　　次　2019年12月第1次印刷
书　　号　ISBN 978-7-5335-5780-5
定　　价　48.00元

序 言

梁建勇

“八闽茶韵”丛书即将出版发行。以茶文化为媒，传承优秀传统文化，促进对外交流，很有意义。

福建是中国茶叶的重要发祥地和主产区之一。好山好水出好茶，八闽山水钟灵毓秀，孕育了独树一帜福建佳茗。早在1600年前，福建就有了产茶的文字记载。北宋时，福建的北苑贡茶名冠天下，斗茶之风风靡全国，催生了蔡襄的《茶录》等多部茶学名作，王安石、苏辙、陆游、李清照、朱熹等诗词名家在品鉴闽茶之后，留下了诸多不朽名篇。元朝时，武夷山九曲溪畔的皇家御茶园盛极一时，遗址至今犹在。明清时，福建人民首创乌龙茶、红茶、白茶、茉莉花茶，丰富了茶叶品类。千百年来，福建的茶人、茶叶、茶艺、茶风、茶具、茶俗，积淀了深厚的茶文化底蕴，在中国乃至世界茶叶发展史上都具有重要的历史地位和文化价值。

茶叶是文化的重要载体，也是联结中外、沟通世界的桥梁。自宋元以来，福建茶叶就从这里出发，沿着古代丝绸之路、“万里茶道”等，远销亚欧，走向世界，成为与丝绸、瓷器齐名的“中国符号”，成为传播中国文化、促进中外交流的重要使者。

当前，福建正在更高起点上推动新时代改革开放再出发，“八闽茶韵”丛书的出版正当其时。丛书共12册，涵盖了福建茶叶的主要品类，引用了丰富的历史资料，展示了闽茶的制作技艺、品鉴要领、典故传说和历史文化，记载了闽茶走向世界、沟通中外的千年佳话。希望这套丛书的出版，能让海内外更多朋友感受到闽茶文化韵传千载的独特魅力，也期待能有更多展示福建优秀传统文化的精品佳作问世，更好地讲述中国故事、福建故事，助推海上丝绸之路核心区和“一带一路”建设。

2019年2月

目 录

一

铁观音前身今世

闽南人好饮茶，特别喜好安溪铁观音。“透早一杯茶，赢过百医家。”清晨，绝大部分安溪人都是被清香四溢的安溪铁观音唤醒的。天赐安溪一棵神奇的茶树，得天独厚的生态环境和自然条件，配上安溪人用聪明才智、精湛繁复的制茶工艺，创制出独步天下的安溪铁观音。

安溪中国茶都（刘伯怡摄）

（一）天赐神树

安溪铁观音，于1725—1736年间发现于安溪县西坪镇。在安溪茶乡，自古就流传着“魏说”和“王说”两种传说，新编《安溪县志》

都予以记载。这两种传说各有章法，也各有美妙之处。

“魏说”：观音托梦说

相传，清朝雍正年间，素有“南邑第一峰”之称的西坪镇松林头，有位淳朴的老茶农叫魏荫。他勤于耕作，种茶、制茶技艺颇高，又笃信观音菩萨，为人豁达且乐善好施。每天晨起第一件事，便是在自家供奉的观音菩萨案前点上三炷香，敬奉三杯清茶，而后再抓把小茶壶，浅斟细酌，慢慢品饮，几十年如一日。

一天夜里，魏荫做了个离奇的梦：自己荷锄出门，沿着林间小道来到一座观音庙旁。这里古松耸立，溪涧上空水雾缭绕，一片迷蒙。恍惚间，他隐约看见庙旁龙潭边石缝中长有一株茶树，石头上赫然写着“打石坑”。正当他准备上前细看，有个声音从上空飘来：“这是一棵奇异茶树，念你虔诚，特赐予你。望你悉心培育，广为传播，造福人间。”“是观音菩萨，观音菩萨！”魏荫四处观望，急于看清菩萨的面目，却一头撞在石头上……魏荫从梦中惊醒。

魏说铁观音发源地（刘伯怡摄）

第二天清晨，魏荫照例焚香敬茶品茶，荷上锄头，沿着梦中途径前行，还真的在人迹鲜至的丛林中，找到梦境中的观音庙。庙旁不远处有一龙潭，龙潭峭壁的石缝中长着一株奇异的茶树，其树不高，却枝繁叶茂，树叶掩盖下的岩石上“打石坑”三个字若隐若现。一切如梦中之境，魏荫兴奋不已，他拨开荆棘，仔细一看，这株茶树果然不同凡响：叶芽微红，叶片肥厚，叶形椭圆，叶尾微斜，叶缘锯齿般锋利，与一般茶树很不同。

魏荫小心翼翼地用锄头刨开茶树旁的土块，连根带泥挖起，移植到家中一口破旧的铁鼎内，悉心培育，精心呵护。冬去春来，茶树抽枝吐芽。魏荫将茶树的叶芽采下，摇青、杀青、揉青、烘焙，每一道程序无不做到精益求精，比制作任何一泡茶都上心。

随着制作渐近尾声，此茶形状特异，香气非凡，是饮茶无数的魏荫从未见识过的。冲泡品饮，不仅满口清香，似空谷幽兰，还喉底回甘，余韵缭绕。魏荫将香茗密藏罐中，视为家珍。只有贵客临门，才会拿出冲泡。品过此茶的客人，对这款茶无不交口称奇。

有一天，一位塾师来魏荫家做客，品过此茶，惊问：“此等好茶，是什么茶？”“什么茶？这真难倒我。我也不知道它该叫什么名啊！”魏荫一边把观音托梦之事说了一遍，一边央求塾师，“请先生取个好听的名字！”塾师边念叨着“是观音托梦……又种在铁鼎中……”，边捋了捋胡子，意味深长地说：“叫‘铁观音’吧，你看如何？”“铁观音？很好，很好！”魏荫听后，连声说好，“太好太好了，就叫‘铁观音’吧！”

于是，“铁观音”的名字便开始在南山的松林头一带传开。每逢茶叶开采，周围的乡亲们都争着到魏荫家喝铁观音。为了使更多人能种植、制作出铁观音，魏荫牢记梦中观音菩萨“广为传播，造福人间”的嘱托，潜心研究，探索出压枝法，繁殖出一批批铁观音茶苗，送给乡亲们乃至邻乡的茶农栽种。不久，铁观音便在安溪各地安家落户。经世代相传，铁观音芳名远播，香飘四海。

“王说”：皇帝赐名说

清朝乾隆年间，安溪县西坪镇地带，有位举子叫王仕让。为了准备晋京应考，家人专门为他在南岩山腰搭了间草屋书轩。他每日在书轩里静心修学、苦读诗书，一日三餐由家人送来。王仕让出生于茶农世家，从小就谙熟茶叶的制作工艺。他将制茶、品茶视为学习之外的一大乐事，每到春秋茶上市季节，他仍会从繁重的学业中抽点时间，小制茶叶，自己把玩一番。

有一天，王仕让感到有些困倦，便走出书轩休憩。他边走边吟边思考，不知不觉已走了很远的路，直到山边一块大岩石挡住了去路才停下脚步。此时一抬眼，便被岩石旁的一棵茶树吸引住了：只见那棵茶树与一般野茶树大不一样，此树约有半人多高，叶片在阳光下熠熠发光，很是吸引人。

王仕让上前一步，凑近茶树一看，其叶肥厚略呈微红，叶缘细齿如锯，且均匀有致。王仕让爱不释手，心想若能将它留在身边该有多好啊。于是，他立即付诸行动。他费了好一番工夫才将这棵茶树连根带土取下，最后移植到书轩近处的一块岩石下。

此后，照料这一棵茶树成了王仕让每日课余的必修课。经他精心培育，这棵茶树很快就长得枝繁叶茂。茶叶开园季节，王仕让小心翼翼地采下这棵茶树上新长的一片片嫩叶，单独炒制。

王说铁观音发源地——西坪（刘伯怡摄）

炒制从开始到结束，一直都弥漫着阵阵芳香。王仕让被这四处飘溢的茶香迷醉了。他坚信，这绝对是一泡极品好茶！炒制完成，他立即邀来几个学友一起品饮。啜一口此茶，只觉喉底阵阵回甘，齿颊频频留香，韵味无穷。王仕让平时舍不得泡饮此茶，将剩下的茶叶收藏在瓷罐里密封保存。

考期来临，王仕让收拾书本行装，带上茶罐，一路辛苦，来到京城。经过朋友的举荐，王仕让结识了礼部侍郎方苞。为表敬意，他将密存的茶叶奉呈方苞。方苞品饮后大加赞赏，很快又将这罐茶叶交转内廷进贡皇上。乾隆皇帝只轻啜了几口，就感觉神清气爽、通体舒畅，且齿颊间留有一股余香，久久不曾散去，喉头处一种妙不可言的韵味反复缠绕。

乾隆赞不绝口，当即询问："此茶何名？"在场的人都没能答上来。乾隆皇帝让人拿来茶罐，取出茶叶，认真地察看起来。只见此茶条索紧结，色泽乌润呈铁色，置于掌心，似有铁的重感；茶叶味香形美，犹如观音合掌。乾隆皇帝龙心大悦，遂赐茶名"铁观音"。

从此，"铁观音"的美名不胫而走。

（二）宜茶胜地

安溪，这是一片茶树宜居地，是个“茶树良种宝库”，更是铁观音的故乡；这是一片多情的土地，这里的人民与茶为伴，倚茶而生。千百年来，安溪与铁观音水乳交融，相得益彰，两者的完美结合，创造了一个又一个奇迹。

茶乡安溪

安溪产茶历史已有一千多年，始于唐朝，兴于明清，盛于当代。

安溪县城全景图（刘伯怡摄）

安溪以茶立县，茶产业也成为安溪的民生产业和支柱产业。历届安溪县委、县政府都将茶业作为经济社会发展的第一课，一以贯之地把茶产业作为经济工作的重中之重，不遗余力地推动茶产业健康发展。茶产业也成为了新时代安溪实施乡村振兴战略的主要抓手。

接力式的推动发展，安溪创下县级茶园总面积、年茶叶总产量、涉茶总产值、茶叶从业人员、受益人口、农民从茶叶中的收入比例等多项全国第一。

以 2018 年的数据为例，安溪全县茶园总面积 60 万亩，年产茶叶量 6.5 万吨，涉茶行业产值 175 亿元，连续 10 年位居全国重点产茶县首位。全县有 30 多万人从事和茶相关的行业，其中 15 万人

在全国各地经营茶叶，80多万人得益于茶，安溪农民人均纯收入的56%来自于茶。

安溪铁观音茶市火爆（叶景灿摄）

茶叶富民强县，这在安溪可谓是活生生的实证。安溪人靠茶而生，安溪县因茶而富。改革开放40多年来，仰仗安溪茶，仰仗一棵神奇的植物安溪铁观音，安溪县从福建省最大的国定贫困县，到贫困摘帽实现基本小康，再跻身福建十强、全国百强，实现了飞跃式增长。

品种绝佳

铁观音天生丽质，既是商品名，也是品种名。铁观音是中国十大名茶之一，属半发酵茶类，是乌龙茶中的极品；同时也是国家级茶树良种。在1985年认定的全国首批30个茶树良种中，安溪就占6个，分别

铁观音茶树（叶景灿提供）

是铁观音、黄金桂、本山、毛蟹、梅占和大叶乌龙。

铁观音茶芽（叶景灿提供）

铁观音品种有紫芽观音、红芽观音、白心尾观音、长叶观音、厚叶观音、薄叶观音、圆叶观音、白样观音、黄观音、金观音等不同品系，其中以紫芽和红芽为正宗、品质最佳，其余为变异正宗铁观音或嫁接奇种铁观音品系。

陆羽《茶经》中记载茶以“紫者上”。红芽歪尾桃，是正宗安溪铁观音，也就是红心歪尾铁观音的最基本特征。红心歪尾铁观音又叫红芽观音，是安溪县种植最广、产量最多的铁观音品种。它最明显的特点，是芽心较为肥大，嫩芽呈现出明显的紫红色。

走进安溪各产茶乡镇产茶村，满山茶园，到处可以看见正宗铁观音茶树。铁观音植株灌木型，中叶类，迟芽种；树姿开张，枝条斜生，分枝部位低，稀疏不齐；叶片椭圆形，呈水平状着生，末端渐尖略下垂，叶色浓绿油光，叶厚质脆，叶面隆起，肋骨特明，叶缘波状，略向后翻，齿疏明而钝，侧脉显，嫩芽紫红。因此，安溪人亲切地称之为“红芽歪尾桃”。

安溪铁观音开花多，结实率高。萌芽期在春分前后，停止生长期在霜降前后，年生长期7个月。其天性娇弱，抗逆性较差，有“好喝不好栽”之说。

环境优越

安溪地处厦漳泉交汇地带，从地理格局上看，刚好处在北纬24° 50′ ~25° 26′，东经117° 36′ ~118° 17′之间，土壤、海拔、积温、降水、温度、湿度等条件，最适合茶树生长，容易促进茶叶最佳品质的形成。安溪名丛辈出，历来就有“茶树良种宝库”的美誉。

要种好铁观音茶树，必须有适宜的光照。铁观音茶树适宜生长在地处山区的多云雾、多漫射光和紫外线光的气候环境。在此种环境下，茶叶茸毛发达，叶绿素增多，茶叶持嫩性增强，咖啡碱和含氮芳香物质增加，这些都是好茶的鲜叶原料品质要求。铁观音的品质特征突出香气和滋味，要求碳氮代谢适中，各种内含物质含量比例协调，因此不需要高强度光照。

要种好铁观音茶树，必须有合适的温度。铁观音茶树生长要求年平均温度在13℃以上，最低临界温度约为 -10℃，最高临界温度为45℃，而新梢生长最适宜气温为20—25℃。比如，秋季温度恰到好处，茶树光合作用强度大，有利于累积大量营养，提高茶叶品质。

要种好铁观音茶树，必须有适宜的水分。茶树树体自身含水量55%—60%，而芽叶含水量高达80%，因此要求其生长区域的年降雨量在1000—1500毫米之间，生长季节月降雨量在100毫米以上。各季节、各区域降雨量分布不均，将导致茶叶品质有所差异。如春季降水量多，湿度大，茶叶生长茁壮，芽叶肥厚，内含物多，成茶品质高。

要种好铁观音茶树，必须有良好的土壤。铁观音茶树适宜生长在以红壤为主的土壤中，土层厚度在1米以上，质地疏松，通气和

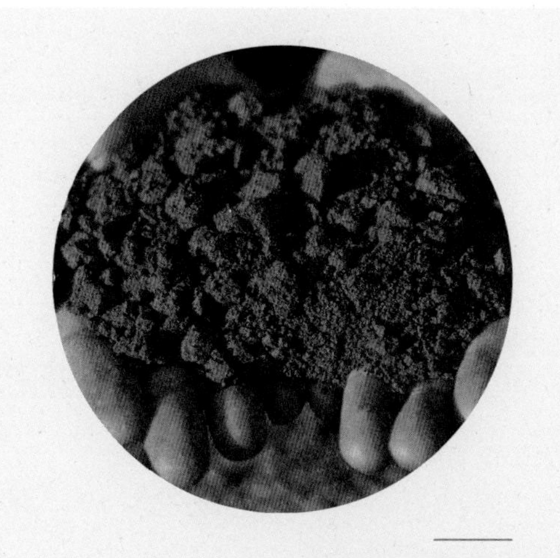

种植铁观音的红壤

排水性良好，pH 值在 4.5—6.0 之间，矿物营养元素丰富，特别是土壤中锰、锌、钼含量较高，有机质含量 2% 以上，地下水位低于土表 1 米以上。

要种好铁观音茶树，还必须有较佳的地形。生长海拔 300—850 米之间的铁观音茶叶质量上乘，品质较为稳定。还有，坡度和坡向对茶树生长质量也有很大影响。坡度不宜过大，一般选择坡度在 20° 以下，最陡不超过 25° 。就坡向而言，总体上是南北坡优于东西坡，其日照时数相对较长，有利于光合产物积累；东坡优于西坡，因为西坡温度较高而易于干旱；同一坡向，下坡较上坡的水土条件好。

安溪优越的环境条件，满足了铁观音茶树生长所需的环境条件，为铁观音优良品质的形成奠定了基础。

（三）一茶三香

经过现代科学的分离和鉴定，安溪铁观音茶叶中含有机物成分达 450 多种，无机矿物元素达 40 多种。铁观音茶叶中，有机化学成分主要有茶多酚类、植物碱、蛋白质、氨基酸、维生素、果胶素、有机酸、脂多糖、糖类、酶类、色素等，矿物元素主要有钾、钙、镁、钴、铁、锰、铝、钠、锌、铜、氮、磷、氟、碘、硒等。根据福建农林大学安溪茶学院院长、博士生导师林金科教授的研究，铁观音茶树鲜叶含有的香气成分有 53 种，而成品茶叶香气成分达 900 多种。说明大部分香气是在茶叶加工过程中形成的，铁观音“摇”出来的香气是其他茶叶无法比拟的。

安溪铁观音最显著的特征就是“香高韵显”，也就是茶人所说的“兰花香、观音韵”。从成品茶上看，安溪铁观音条索肥壮，卷曲紧结，色泽砂润。经过冲泡后，汤色金黄明亮，香气幽雅馥郁，似兰花香，滋味醇厚甘爽。品饮起来齿颊留香，回甘生津，经多次冲泡，余味犹佳。

2007 年 6 月，作为第一个申请国家标准的茶叶品种，安溪铁观音新国标《地理标志产品安溪铁观音》（GB/T19598—2006）颁布实施。2014 年 6 月 22 日，《乌龙茶第 1 部分：基本要求》（GB/T 30357.1—2013）和《乌龙茶第 2 部分：铁观音》（GB/T 30357.2—2013）两项国家标准正式实施。2016 年 4 月 26 日，国家标准委发布陈香型铁观音标准正式实施。这是继清香型、浓香型之后的产品标准，陈香型铁观音成为第三类具有国家标准的铁观音产品。

自此，安溪铁观音形成“一茶三香”发展格局，即根据国家标准化管理委员会颁布的标准，铁观音可分为清香型、浓香型、陈香型三大系列产品。

清香型铁观音是以铁观音毛茶为原料，经过拣梗、筛分、风选、文火烘干等特定工艺过程制成，其主要品质特征为：外形条索肥壮、紧结，色泽砂绿、油润，匀整洁净；香气清香持久、滋味鲜醇甘爽、音韵明显，汤色金黄明亮，叶底肥厚软亮。

浓香型铁观音是以铁观音毛茶为原料，经过拣梗、筛分、风选、烘焙等特定工艺过程制成，其主要品质特征为：外形肥壮、紧结，色泽砂绿、乌润，匀整洁净；香气浓郁持久、滋味醇厚甘鲜、音韵明，汤色金黄清澈，叶底黄绿肥软有红边。

陈香型铁观音是以铁观音毛茶为原料，经过拣梗、筛分、拼配、

清香型铁观音　　浓香型铁观音　　陈香型铁观音

烘焙、贮存 5 年以上等独特工艺制成的具有陈香品质特征的铁观音产品，其主要品质特征为：色泽乌褐，紧结，匀整洁净；陈香明显、滋味醇和，汤色深红或橙红，叶底乌褐柔软匀整。

（四）载誉前行

从发明创造半发酵乌龙茶制作技艺，发现、发展铁观音这一稀世珍品，到发明短穗扦插茶树无性繁殖技术，安溪县茶人执着发明发现，不断创新，为世界茶业发展作出三大贡献。

明朝成化年间，安溪人发明创制乌龙茶制作技艺，即“半发酵”

中国茶的不同文字表达

短穗扦插育苗（叶景灿提供）

制茶技术，“青茶”种类成为中国茶类家族成员。清朝雍正年间发现铁观音这一稀世茶树品种，此后成就了中国十大名茶之一的美名。

安溪还是我国茶树无性繁殖的发源地。在长期的生产劳动实践中，先后发明“茶树整株压条繁殖法”“茶树长穗扦插繁殖法”“茶树短穗扦插繁殖法”。

“茶树短穗扦插繁殖法”（1935），具有用材省、生根成苗快、繁殖系数高、品种纯一、长势整齐、移植后生长迅速、不易老化、产茶量高等优点。1957 年 10 月，农业部在安溪召开茶树短穗扦插繁殖技术现场观摩会，将这项技术推广到全国各产茶区，并逐步传播到印度、斯里兰卡、日本、肯尼亚、坦桑尼亚、乌干达等其他主要产茶国家。短穗扦插繁殖技术成为当今世界运用最为广泛的茶树繁殖技术。1978 年该技术荣获全国科学大会奖。

近年来，空调制茶、恒温除湿等技术的应用，铁观音减肥茶、铁观音苦瓜茶、铁观音人参珍珠鲜茶等茶产品的推出，清香型铁观

意大利友人到安溪县三和茶业品饮铁观音，共叙海丝缘（刘伯怡摄）

音制作技艺、浓香型铁观音生产方法、陈香型铁观音制作等工艺的推广，首条乌龙茶全自动生产线、茶叶拣梗机等茶机械问世，这些都是安溪茶农茶商创新精神的结晶。

安溪铁观音品牌载誉不断。2000 年 4 月，注册安溪铁观音地理标志证明商标；2005 年 12 月，安溪铁观音被国家工商总局认定为中国驰名商标，是全国茶界第一枚中国驰名商标。

2005 年，安溪铁观音的品牌代表分别参加世界知识产权组织举办的全球地理标志保护研讨会和战略性利用商标促进经济暨农村发展国际研讨会，并在会上作经验介绍；2006 年，安溪铁观音被中国品牌研究院评为外商最熟悉、最喜爱的中国农产品品牌。

2006 年，安溪铁观音被评为影响世界的中国力量品牌 500 强；

“丝路知音”茶论坛（刘伯怡摄）

2008 年 6 月，安溪铁观音制作技艺入选国家级非物质文化遗产代表作名录；2009 年 1 月，安溪铁观音被评为福建省改革开放 30 年最具影响力、最具贡献力品牌。

2009 年 10 月，安溪铁观音入选中国世博会十大名茶；2012 年 1 月，安溪铁观音被评为 2011 消费者最喜爱的中国农产品区域公用品牌（茶类第一名）；2015 年，被评为百年世博中国名茶金奖，入选全国最具文化底蕴十大地理标志名茶。

2017 年，获评“中国十大茶叶区域公用品牌”；2015—2018 年，安溪铁观音品牌价值，连续四年蝉联中国茶叶类品牌价值第一位。

对安溪人来说，铁观音是一棵神奇的植物。因为有了它，安溪人摆脱了贫困，收获了与茶相关的数不胜数的荣誉，比如，世界名茶铁观音的发源地、中国乌龙茶（名茶）之乡、中国茶文化艺术之乡、国家级出口食品农产品质量安全示范区、全国茶叶科技创新示范县、全国首批无公害茶叶生产示范县、中国茶叶出口基地县等。

因为有了它，安溪也变得更加美丽而富有魅力，赢得一系列荣誉，比如，福建十大醉美县城、国家级有机产品认证示范县、全国县域经济基本竞争力百强县、全国最具投资潜力中小城市百强、全国商标百强县、中国最具特色魅力旅游名县、中国最美丽县、国家级生态县、全国百佳生态文明城市等。

二

『王钱不论凭官牙』

茶是海上丝绸之路的中国符号，通过海上丝绸之路在五洲生根，香漂四海。早在宋元时期，随着刺桐港的兴起，溪茶就“播香”全球，遍及东南亚、西非、北非等58个国家。郑成功谋士阮旻锡写的《安溪茶歌》中“西洋番舶岁来买，王钱不论凭官牙”诗句，生动地记载下外商争先采购溪茶的盛况。

（一）播香五洲

“tea”音流行欧美

在茶乡安溪，请人喝茶，就会来一声“蛱蝶啊”，直译就是“吃茶啊”。其中的“蝶”，也就是“茶”。这个在闽南语区域保留完好的上古音“te”，经来中国的荷兰人先后传到欧洲各国。就是这么一声东方古音，自此伴随着悠悠香韵，洞穿时空，通往全球。于是，便有今天法语中的thé，德语中的tee和英语中的tea。

宋元时期，随着刺桐港的兴起，安溪茶叶作为一种重要商品，通过海上丝绸之路，徐徐走向世界。即便到了实行“海禁”的明清时期，安溪每年所产的茶叶仍有80%通过各种方式销往海外。茶史专家研究称，19世纪为乌龙茶风靡欧美的时期。安溪茶叶当时主要通过厦门、广州等口岸销往海外，对英国的年输出量最多时达3000多吨。据记载，清同治十三年至光绪元年（1874—1875），美国从厦门港进口的乌龙茶3.47吨，其中大部分为安溪乌龙茶。

此后，英国一度在印度、斯里兰卡属地引种中国茶树，获得成功，并大力宣传饮用印度、斯里兰卡红茶，排斥中国茶。因此，安溪茶等中国茶叶在欧美市场日渐式微，这一状态持续到20世纪初。

中央电视台到安溪拍摄“一带一路”纪录片

侨销茶遍布东南亚

19世纪末，风靡欧美市场30多年的乌龙茶逐渐衰落。在此情况下，海外一些饮用乌龙茶的安溪华侨，开始在居住地的东南亚各国用心经营乌龙茶，推销乌龙茶。因此，乌龙茶也一度被称为“侨销茶”。

新加坡南苑茶庄（刘伯怡摄）

安溪华侨倾心注入茶业，在东南亚各国开办的茶厂、茶行、茶庄、茶店达100多家，其中新加坡有林金泰、源崇美、高铭发、林和泰、白三春、张馨泰、高芳圃、茂苑等 30 多家；马来西亚有王友法的三阳茶行、王宗亮的梅记茶行、王长水的兴记茶行、王蛤蟆的新明茶行、王春吹的振华茶行等 10 多家；印度尼西亚有王炳炎的王梅记茶行、王长水的万征茶厂、王金彩的东亚大型茶厂等 10 多家；泰国有白锡碧的义和发茶行和三九茶行、王清时的集友茶行、白金凤的炳记茶行等 20 多家；越南有冬记茶行、锦芳茶行、同记茶行、泰山茶行等 10 多家。此外，香港地区有王文斗的尧阳茶行、王三元的福记茶行、王成湖的谦记茶行、王国梁的泉芸茶行等 10 多家。

新加坡王三阳茶庄（刘伯怡摄）

经过 80 余载的奋力开拓，到 1980 年，销往新加坡、马来西亚和港澳地区的安溪乌龙茶达 180 吨，其中新加坡、马来西亚达 80 多吨，港、澳（包括转口）地区达 100 多吨。同时在长期经营中还创出一批名牌，如张源美茶行的“白毛猴牌”乌龙茶独霸缅甸；林金泰茶行的“金花”“玉花”牌乌龙茶风靡新加坡和马来西亚；尧阳茶行的铁观音畅销海内外。

台湾茶人陈钟清在《安溪茶叶概说》中指出，民国时期“安溪茶叶除供给本县人作饮料并销售邻县外，大量装配海外，尤以东南亚为最多。装配出口的茶叶，铁观音约占半数，其余半数为梅占、奇兰、毛蟹、水仙、乌龙……每年装配出口一万箱以上，如以每箱四十元计算，最低价值为四十万元。民国二十年，安溪茶叶由厦门装配运南洋，总价值近一百万元……安溪每年缺粮约三个月，向邻县或舶来品购入米面，即借侨汇及茶叶的收入弥补赤字，农村经济才不至崩溃”。

乌龙茶风靡日本

日本是世界饮茶大国，也是世界上茶叶进口大国之一。乌龙茶于20世纪70年代进入日本市场，此后，福建和日本科研部门对乌龙茶进行大量研究，发现经常饮用乌龙茶，能有效降低肥胖病者的胆固醇和体重，防止动脉硬化和抑制正常细胞的突变。于是，乌龙茶被称为“减肥茶”“美容茶”“保健茶”，并进行广泛宣传，使得乌龙茶在日本的销售状况一浪高过一浪。

铁观音行销日本

1978年，日本进口乌龙茶猛增到178吨，大部分由厦门和香港输入。1979年，日本第一次掀起“乌龙茶热”，是年进口乌龙茶280吨。当今，日本市场成为最重要的乌龙茶外销市场。日本人喜欢安溪乌龙茶已到极致，有位东京人士还曾卖掉一整栋楼只为买茶，他们觉得安溪乌龙茶香高味醇有功效。

日本乌龙茶市场另一重要板块是罐装乌龙茶水市场。1980 年，正当乌龙茶走俏日本的时候，也是经济处于高速发展，人们生活节奏加快的时期，传统的乌龙茶泡饮方式和繁琐的泡饮程序与快速的时代节奏不相适应。为此，福建茶叶进出口公司和厦门茶叶进出口公司牵头，于 1981 年研制成功易拉罐装乌龙茶水。这种具有引领时代潮流的新商品，一投入市场即大受欢迎。

一时间，自动售货机、车站商场、停车场、百货公司等地方皆出售罐装乌龙茶水。于是，1984 年日本再度掀起“乌龙茶热”，使得饮用乌龙茶的“热潮”迭起。

现在，在日本，出售罐装乌龙茶的商店愈来愈多，消费者随时随地都可以买到罐装、塑料瓶装的乌龙茶水。紧随其后，在美国、欧洲，罐装乌龙茶也打开了市场。

（二）行盛神州

安溪人于明成化年间发明乌龙茶制作技术后，这种技术便连同乌龙茶优良品种一起迅速向邻近产茶县及台湾地区传播。清光绪年间，铁观音就已传播至邻近的永春、长泰、漳平、华安、南安和闽北茶区，以及广东、台湾等乌龙茶区。后来，江西、浙江、安徽、湖南、湖北、广西、四川、云南等生产绿茶的省（自治区）亦陆续引进种植。

据成书于民国时期的《建瓯县志》载："乌龙茶叶厚而色浓，味道而远，凡高旷之地种植皆宜，其种传自泉州安溪人。"另一民国时期的书《福建之茶》则记载更为详细："崇安之乌龙于清道光年间由安溪人詹金圃先移建瓯再移北者。""崇安"即今天的武夷山市。清初，安溪有许多制茶高手被聘请到武夷山担任制茶师傅，并在当地传授乌龙茶制茶技术，不少人干脆在武夷山定居下来。至今，在武夷山甜心洞、水帘洞等茶区，讲闽南话、祖籍安溪的村民还有上千人。

台湾与福建隔海相望，在很长一段历史时期内，台湾都隶属于福建管辖。自明代开始，安溪人陆续迁往台湾，参与台湾的开荒建设。他们携亲伴友，有的甚至整个乡一起迁往台湾，垦荒务农，种粮种茶。到今天，安溪籍台胞已有 200 多万人，占台湾人口的 1/10。第一个将铁观音茶苗传播到台湾的安溪人张乃妙，其故乡大坪乡只有 1 万多人口，而大坪乡台胞却有 27 万人之多。因此，台湾的地方方言、

台湾新北市三峡祖师庙（刘伯怡摄）

民间信俗、风俗习惯、戏曲艺术等，都留下不少安溪印迹。为纪念故乡，安溪移民在台湾大量沿用安溪本土的地名，如“安溪村”“凤山村”等。

台湾的茶种、茶叶种植采制技术都源自福建安溪等地，许多安溪移民是台湾茶叶生产的先驱。清嘉庆三年（1798），安溪西坪人王义程在台湾将乌龙茶制作技术加以改进，创制出台湾包种茶，倡导乡民大力种植并四处传授制作技术；清光绪八年（1882），安溪茶商王安定和张占魁在台湾设立“建成号”茶厂，专事研究茶叶栽培、制作技术；清光绪十一年（1885），安溪西坪人王水锦、魏静相继入台，在台北七星区南港大坑（今台北市南港区）致力于包种茶制作技术的完善，后来被台湾当局聘请为讲师，教导茶农种制包种茶，使包种茶销量稳步直升；1896年，安溪大坪人张乃妙返乡探亲，后随身带了12株铁观音茶苗回台湾，种在木栅樟湖山居所屋后的岩缝间。

1916年，张乃妙在台湾劝业共进会举办的“初制包种茶品评”比赛中，凭自制的茶叶获得“特等金牌赏”。之后，张乃妙被台湾当局聘请为“巡回茶师”，在台湾各地传授包种茶及乌龙茶制作技艺。1919年，张乃妙以台湾“巡回茶师”的身份回到

台北艋舺清水祖师庙（刘伯怡摄）

安溪，购买铁观音茶苗千株，广植于木栅樟湖地区，为今天台湾“木栅铁观音”的始祖。

1935年，台湾茶叶宣传协会在台湾博览会上褒奖张乃妙“功在台湾茶业”，并奖给他青铜花瓶一对。

除了两次回乡引种铁观音茶苗外，张乃妙还几次回安溪学习铁观音制作技艺。1936年冬，张乃妙回到安溪，以退休茶师的身份与安溪当地士绅、制茶大师多次交流制茶经验，从中领悟铁观音的制作秘诀。张乃妙还聘请家乡的制茶师傅到台湾木栅协助改进铁观音制作技艺，并将之传授给乡邻。

安溪移民还开拓了台湾的茶叶贸易。安溪移民早期在台湾开设的茶行，包括西坪人王德的“宝记茶行”，王金明的“王瑞茶行”，王庆年、王庆泰的“尧阳茶行”，柯世钦的“正达茶业公司”等。而安溪历史上第一个铁观音茶王——西坪茶商王西，也是在台湾产生的。1916年，王西在家乡制作、由台湾“天馨”茶行经销的“万寿桃”牌铁观音，在台湾督署举办的茶叶评选活动中获得金牌。

安溪先人不仅将安溪茶或茶苗带到海峡对面的宝岛台湾，还带到东南亚各国，有一部分人甚至选择留在那里。这就不能不说到闽南安溪茶与安溪茶传统销区潮汕的渊源了。

事实上，闽南文化圈与潮汕文化圈同根同脉，渊源深厚。比如在潮语中，客人叫人客，母鸡叫鸡母，步行叫行路，铁锅叫鼎等，都跟闽南话如出一辙。

自古就有“福建人制茶，潮汕人喝茶”的说法。福建省年产茶量为300万吨左右，除了自给自足、出口外，产品还大量销往潮汕等地。潮汕人和闽南人都习惯将茶叶称为“茶米”，两地“茶铺多

两岸茶叶同根同源

铁观音美丽中国行
走进北京

铁观音美丽中国行
走进深圳（刘伯怡摄）

铁观音美丽中国行走进湖南

过米铺”的景象，随处可见。

历代安溪先民将安溪茶叶通过手提肩挑、牛车运送等方式带入潮汕地区。爱喝茶的潮汕人，不仅把自己特有的沏茶过程称为“工夫茶”茶艺，还出台《潮汕工夫茶》广东地方标准，规定所用茶为“以乌龙茶为主要用茶”。

除潮汕这一传统市场之外，安溪铁观音也在全国其他各大中茶市不断地“传香播韵”。

从全国茶叶市场综合来看，据有关权威机构调查数据，目前，安溪铁观音市场占有率依然保持领先，线上或线下市场占有率均占全国名优茶的20%左右。安溪铁观音作为地理标志区域的品牌价值，也因此位居茶叶类第一。

事实上，安溪铁观音打开并进入国内各大茶市的时间要追溯到

20世纪八九十年代。改革开放的春风，刚吹拂神州大地，习惯“拼山拼海”的安溪茶人坐不住了，像棵茶树一样，忍不住到全国各地冒出“枝叶”。

看准安溪茶产业，看好安溪铁观音这一宝贝，安溪当地历届领导，几乎一成不变地将“茶叶富民”列为“一号工程”，提倡用心做好茶，用力提升市场的美誉度和影响力。由安溪当地政府筹划，当地官员陈水潮、宋丽珍等带队的“安溪铁观音长征路——安溪铁观音神州行”活动，也随后恢弘开启。

安溪铁观音“神州行”以茶市采风、茶市场调研、茶歌茶舞展现、茶艺表演等最接地气的方式，零距离对接安溪茶商，接触当地消费者。抱团产生了爆发力，取得了巨大成功。一批批蓄势待发的安溪茶人，紧跟安溪铁观音长征路，让茶店在各地开花。安溪铁观音成为市场宠儿，一句“无安不成店，无铁不成市”，成为了各大茶叶市场坊间茶人茶客的口头禅。

（三）抱团发展

“一根筷子哟，轻轻被折断；十根筷子哟，牢牢抱成团。”付笛生的《众人划桨开大船》曾经响彻大江南北，大街小巷。抱团是一种思维，也是一项成功法宝。这项法宝，被安溪当地政府和茶人们，成功地运用到了做茶卖茶的事业当中。

第二届国标安溪铁观音发展论坛现场

2004 年，在全国上下喜迎新中国成立 55 周年之际，安溪县茶叶协会也在热闹的氛围之中挂牌成立。随即，首任会长李文通着手执行崭新的使命，到全国各地茶市去，把各地分会成立起来，一起抱团闯茶市。

郑州第三届铁观音茶王赛（刘伯怡摄）

在安溪铁观音稍有发展规模之时，实力渐渐增强的安溪茶商也相应成立了各地分会。来自安溪县茶叶协会的数据显示，协会成立至今，先后在国内30多个大中城市及县内成立60个分会，包括22个省级分会、12个城市分会、21个乡镇分会、5个专业分会，以近万名会员作为辐射带动，形成了一支规模庞大的发展力量。

近些年来，随着国际国内经济形势的变化，各大茶类企业风生水起，安溪铁观音行业同样进入了“新常态”，安溪县茶叶协会及各地分会华丽升级为茶业发展促进会。安溪当地领导、安溪县茶业发展促进会负责人等为安溪茶人和各地茶业发展促进会会员开出的应对“方子”，仍然是要“牢牢抱成团”。于是，诸多安溪分会、茶企有了各种抱团动作。

正如安溪县茶叶协会会长、安溪县茶业发展促进会会长谢志攀说，从提高供给侧的质量出发，以促进会平台抱团成立统一品牌，促进产业优化重组，促进茶产业快速发展，这是安溪茶产业顺应时代大潮、奋力前行的重大实践。

（四）扬帆海丝

千年前，安溪茶叶漂洋过海，散布到全球，曾经“涨海声中万国商”的盛景仍然依稀可见。如今，在“一带一路”背景下，安溪茶穿越历史、跨越国界。安溪人在心中再次升起一个安溪茶复兴梦，开启了行销全球的美妙旅程。

2008年，华祥苑即以英伦风尚红茶、大红袍礼献英国安德鲁王子，

铁观音海丝行西欧站

将中国茶文化传播到王室贵胄之中。

2010年，英国前副首相普雷斯科特访华，在品鉴华祥苑的好茶后，成为华祥苑儒士会员俱乐部的首位会员。

意大利威尼斯“三和茶语”茶文化交流

2011年5月起，八马举办全球巡回品鉴会，先后在德国柏林，波兰华沙、克拉科夫，捷克布拉格等城市成功举行。

2012年，八马、华祥苑、中闽魏氏、坪山、三和联合以“安溪铁观音”大品牌在法国巴黎开设营销中心，强势进军欧洲市场。

2014 年、2015 年、2016 年，三和茶业生产的安溪铁观音分别作为中法建交 50 周年、中意建交 45 周年、中希建交 45 周年的纪念茶，成为中外文化交流活动中的重要元素。

2016 年，三和茶业与意大利总统府联办“从古丝路到新丝路”展览，意大利总统马塔雷拉为展览揭幕并全程观展。

2017 年 3 月，华祥苑与英国中华总商会签订茶叶经贸合同，中国商贸、文化和媒体专家瑞克（Ric）获得英国市场代理权。

2017 年 9 月 3 日，中俄第四次双边会晤在厦门举行。华祥苑茶艺师为双方国家领导人奉上安溪铁观音，并将华祥苑国宾茶礼赠普京总统；12 月，受墨西哥总统夫人的邀请，华祥苑组团走进墨西哥总统府，礼赠墨西哥总统及夫人华祥苑国宾茶，并洽谈合作事宜。位于悉尼歌剧院附近开办华祥苑澳大利亚形象店。

铁观音进驻欧洲签约仪式（刘伯怡摄）

……

循着时间的轨迹，安溪铁观音国际化之路的脉络清晰可见。在开拓国际市场中，安溪铁观音动作频频。

茶是中国一个能见度很高的国际化商品。作为海上丝绸之路起点的商品，作为东西方交流的媒介，安溪茶曾是那样的勇立潮头。斗转星移，今天的安溪人，再次以茶为媒，依托五千年来中华文明所形成的文化自信，沿着祖辈开辟的海丝之路，向世界推介中国茶文化，在中国茶产业中率先走出了一条品牌国际化的康庄大道。

如今，承载缕缕茶香的海丝茶路仿佛从尘封的历史中复活。溪茶的运输方式改变了，但通道依然复制当年轨迹——从安溪出发抵东南亚各地，直至行销全球，由东南亚扩大到日本、欧美，拓展至俄罗斯等 100 多个国家和地区，年出口量达 1.6 万吨，居全国首位，为国家创汇超 1 亿美元，成为中国茶的一张“世界名片”。

三

走进安溪茶香浓

各种名茶大都流传有美丽的传说，安溪铁观音除了故事动人外，其生长地更是如诗似画。好山好水出好茶，茶树离不开与环境的相得益彰。您可跟着导游，在蜿蜒岭上，悠悠白云深处，进入有花有树的茶家。那里茶田层层叠翠，犹如人间仙境……

安溪铁观音之所以成为名茶，是与安溪人对制茶技艺和对产品质量的精益求精分不开的。

（一）云岭引领

2019年7月1日，在福建南平举办的“清新福建·气候福地”首批避暑清凉福地发布会暨气象文旅论坛上，安溪云岭茶庄园被授予“清新福建·气候福地”首批避暑清凉福地。

云岭茶庄园位于安溪芦田紫云山脉800多米高山之间，地处芦田镇福岭村与西坪镇后格村交界处，四周群山环抱，云蒸霞蔚。其前身为国营芦田茶场，是安溪最早的国营茶场之一，也是早期外贸定点乌龙茶出口厂家之一。如今，云岭茶庄园是国家级现代农业产业园示范点。

站在庄园观景台上，举目望去，群山之上茶园与森林交错，一片郁郁葱葱。走进庄园内，青色的瓦、褐色的梁柱、中式的回廊，檐廊、柱廊之间灵巧连接。庄园建设以生态为底色、茶叶为主题、文化为灵魂、旅游为纽带，以保留历史的痕迹，留住安溪茶人的记忆与乡愁；

安溪云岭茶庄园（刘伯怡摄）

采用“记忆中的材料”，以自然朴实的风格，对周边景观进行改造，让整个庄园有历史的回忆及独特的文化底蕴。

庄园以山地、丘陵地为主，森林覆盖，有天然森林氧吧之称。茶园呈梯田状分布，形成满坡遍绿。事实上，云岭茶庄园与厦门、泉州市区、漳州距离均在 2 小时车程范围内。花上很短的时间，就可以从繁华城市抵达宁静的心灵栖息地，徜徉于茶味泥香中。

茶园套种樱花、桃树、梨树、桂花树等观光树种。每到花开时节，树树繁花似锦，枝枝花团锦簇，映照着绿油油的茶园，为庄园平添几分诗意，吸引各地游客前来。庄园首期主体建筑包括四合院、民宿及茶叶初制加工厂。四合庭院、青砖石墙、黑瓦木梁、小桥流水……处处散发着淳朴而宁静的气息。

四合院保留了国营老茶厂的古厝原貌，是上世纪知青下乡期间所建的。全新建成的民宿以中式建筑风格为主，古朴素雅，最大限度融入群山之中。顶楼特设露天茶室，闲坐此处煮山泉、烹香茗，晴可收层峦叠翠，雨可望山色空濛，无论谁来，都可以让身心自由安然、自在放松。

安溪云岭茶庄园

在群山环抱的云岭茶庄园，凸显出一种人与自然、人与社会和谐相处的生存状态。站在茶庄园上，目之所及处皆是美景，远处青山巍峨，茶山树木绿荫遮蔽，青苔长得恰到好处。早上，晨光熹微，还在美梦当中的游客就会被阵阵鸟叫声唤醒。睁开眼，即有一缕清辉映入眼帘。洗漱完毕，到茶山上转转，云山雾罩，顿时让人心明神澈。天边的朝霞宁静有力，绚丽但不热烈，给乌云镶上金边，像是把幸福的光芒藏了起来。

“云之下，岭之上，茶之间！闭上眼，迎山间最清爽的风，纳旷野最温暖的光，听田间最动听的蛙鸣；用几日的茶歇，换一颗干净通透的心。”这是很多爱茶人到安溪云岭茶庄园休闲体验的同感。“斯人如彩虹，遇上方知有。”来到云岭茶庄园，给人一种人间仙境的感觉。

安溪云岭，是创新、协调、绿色、开放、共享的云岭。建设日趋完善的云岭茶庄园，以“茶”为核心元素，打造绿色发展技术集

游客参观云岭茶庄园

成示范区，安溪茶叶新文化IP符号和海丝茶路新名片，探索茶旅结合新路、乡村产业振兴新路、金融资本和社会资本进入茶山茶园新路。

在茶庄园里，你不仅可以喝到上等的安溪铁观音、体验采茶制茶的乐趣，还可以吃茶餐，欣赏茶歌茶舞表演等。作为国家级现代农业产业园示范点，如今，云岭茶庄园集生产加工、茶文化传播、研发创新、旅游观光、休闲体验为一体，成为茶主题运动、健康、田园休闲、度假目的地，也成为展示安溪茶业形象的一大平台和窗口。

时光回放，安溪当年在全国首吃螃蟹，学习借鉴法国葡萄酒庄园模式，在茶业界首次打通“一二三”产业，形成从“一产”接“二”连“三”的“六产”新业态。面向不同客源，安溪还因地制宜，评选多届“十大金牌茶庄园”“茶香人家”，促生态、文化、品牌、技术融合，带动茶文化主题旅游发展。

目前，安溪全县已建成以云岭茶庄园为引领的 10 多家上规模上档次的茶庄园，茶园庄园化管控茶园达 28 万亩，占全县茶园面积 47%。茶庄园经济正逐步成为茶业转型发展、绿色崛起的新引擎，成为安溪主打文化品牌和主推的茶业经济业态。

（二）金牌庄园

日月有清辉，山水有清韵，茶乡有清境。安溪处处有茶山，雄伟而婉约，处处有茶园，兼具山海气质，让建成的一个个茶庄园的骨子里，流淌着坚韧不拔的血液，散发着迷醉的芬芳 。

华祥苑茶庄园

国心绿谷茶庄园（刘伯怡摄）

茶庄园的缔造之路，始于20世纪90年代。随着茶产业的发展，诸多安溪茶企开始自建茶叶基地，这是茶庄园的雏形，也是茶庄园第一阶段——孕育期。

到了2004年，华祥苑在龙涓珠塔山脉启动建设茶叶庄园，中闽魏氏在龙涓乡长新峰投入创建茶庄园，开启安溪铁观音茶庄园第二阶段——萌芽期。

2009年，安溪当地政府组织茶企学习欧洲葡萄酒庄园生产经营模式。2010年6月，“安溪铁观音欧洲学习考察团”赴欧洲葡萄酒庄园学习，其后开始大力推进茶庄园建设，鼓励龙头企业兴建茶叶庄园，一些大企业的铁观音茶庄园建设粗具规模，这是第三阶段——起步期。

在学习模范、探索创新的路上，安溪当地政府花了不少心思开创属于东方的茶庄园。思路引导上，当地政府“给定位”，提出茶庄园应持续借鉴法国葡萄酒庄园模式，将精致农业、精细农业引入

年年香茶庄园（刘伯怡摄）

八马茶业红星茶场（刘伯怡摄）

茶产业，通过“茶庄园 +”，即“茶庄园 + 宗教朝圣、休闲养生、丝路文化、魅力乡村、工业旅游”，并结合名山名茶、地域文化挖掘等，来实现差异化竞争、个性化发展。

2016 年 5 月，安溪评选出包括华祥苑茶庄园、高建发茶庄园、国心绿谷茶庄园、添寿福地茶庄园、中闽魏氏茶庄园、冠和茶庄园、德峰茶庄园、八马茶庄园、三和茶庄园、绿色黄金森林茶庄园等在内的十大金牌茶庄园。此外，还有杉品茶庄园、山国饮艺茶庄园、年年香茶庄园、铁观音发源地 (魏说) 茶庄园、蜈蚣山茶庄园、禅心缘茶庄园、举源茶庄园、高鼎茶庄园等一批创意茶庄园。

“庄园与茶园，虽仅一字之差，但内涵完全不同。茶园只是茶叶种植的单纯概念，而庄园包含种植、加工、培训、旅游、茶文化展示等全产业链内容。庄园使铁观音从第一产业成为一、二、三产业并蓄，产业链整体发展。”在安溪人眼里，茶庄园肩负着厚重而宏大的使命。

围绕安溪铁观音，茶庄园里诞生了一批明星产品和品牌。比如八马的赛珍珠产品，就跟茶庄园借鉴法国葡萄酒庄园的 AOC(原产地命名保护) 标志建设密不可分。再比如华祥苑茶庄园，十年用心，一朝收获，捧出的一瓯庄园茶，惊艳了金砖国家元首及夫人。

立足安溪这一片不可多得的茶韵山水，茶庄园与旅游“亲密接触，深度融合”，围绕茶旅的吃喝玩乐一条龙服务成形，吸引了大批的茶客、游客走进安溪，走进铁观音原乡，学习和体验铁观音文化。

八马、华祥苑、中闽魏氏、誉丰国心、三和、德峰等茶庄园，配套完善、功能齐全、特色突出，给前来的爱茶人留下“一杯子茶香到一辈子茶乡”的深刻记忆。

（三）茶香人家

“茶海徜徉，庄园漫步；放眼四野，尽是青绿。一壶好茶，亲朋共饮；浓浓韵味，最是温馨。”“风格民宿，闽南风情；孩提年味，茶香人家。制茶品茗，大锅饭菜；乡野休闲，美不胜哉。”在爱茶人眼里，矗立在茶园的那些建筑和隐没在茶村的那些茶家，是可以用来“修身、修心、修灵”的。

月寨茶香人家

布达拉宫茶香人家（刘伯怡摄）

采茶曲（黄东华摄）

晋代山水田园诗人陶渊明写下了《桃花源记》，给无数人留下一片神圣的精神净土，令许多人魂牵梦萦。文学作品中的“世外桃源”，总是走在与人类社会发展相反的方向，与我们渐行渐远。东方的茶及其载体茶香人家，在构筑更多的可能性，让更多人能够“诗意地栖息在大地上”，这也是安溪茶农和爱茶人之间达成的默契。

入住闽南风格大厝民宿，品尝原滋原味的农家饭菜，投身青青茶园采茶，走进茶作坊体验炒茶制茶，与当地茶农品茗休闲斗茶……在系列茶庄园的茶山茶园线路之间，安溪推出一批小微型、精致型的茶庄园，命名为“茶香人家”，这些茶香人家能让你充分领略茶乡风情，畅享茶旅之乐趣。

2016 年 5 月，首批获安溪当地政府授牌的包括铁观音发源地、月寨、布达拉宫、桂花谷、惜友、吾之茗、老固、南山等8家茶香人家。按当地茶人的说法，所推出的茶香人家是“为了让爱茶人找到他们想要的安溪铁观音，所寻味的观音韵，小型茶庄园会有更私密的体验感”。

（四）感受“四心”

确保舌尖上的安全

2019年6月12日，央视《焦点访谈》播出节目《舌尖上的安全》。节目聚焦安溪县率先在全国推广农资监管与物流追溯平台，确保从茶山到茶杯全过程监控以及安溪铁观音品质提升情况等，广大观众及茶人纷纷点赞。

安溪县委书记高向荣在节目中接受采访。他说：“我们率先在全国推广整个安溪县域里面的农资监管可追溯平台，归口管理，让每一瓶农药的使用都有据可查，可以追溯，应用‘一

茶企每年召开茶叶质量与安全工作会（刘伯怡摄）

品一码’以此确保我们整个茶产业，从茶山到茶杯的全程可追溯。”

节目介绍，安溪率先在全国推广农资监管与物流追溯平台，统一经营全县农资产品，实现每瓶农药使用有据可查，可以追溯，确保从茶山到茶杯全程监控。

据统计，2018 年，安溪县农产品县级定量抽检产品样品 3029 批次，其中茶叶样品 1312 批次，县级定性抽检产品样品 10753 批次，全县乡镇定性抽检产品样品 157061 批次（每个乡镇平均定性检测产品样品 7307 批次）；其中国家、省、市监测合格率均达 100%。安溪出口茶叶连续 13 年全部通过输入国官方检测。

事实上，生产高质量茶叶，一直以来是安溪当地政府和众茶人的准则和方向。当地政府以强势的行政作为，下大力气对茶叶种植、生产、加工、流通等各个环节进行标准化、规范化管理，构建从茶

茶园物理防治虫害（刘伯怡摄）

园到茶杯全程质量安全防护网，确保进入市场的每一粒安溪茶都是安全、放心和健康的。

种植环节上，建立农事管理记录制度，成熟运用“农资监管与物流追踪平台”，规范农资管理，要求企业生产基地按照 GAP(良好农业规范)进行管理，对专业合作社实行双重记录制度；加工环节上，建立进货、加工、销售台账制度。流通环节上，建立规范标识、实名登记、刷卡交易制度；监管环节上，建立信息管理制度，在全县构建涵盖茶叶生产信息、防伪标识等内容的茶叶质量数字信息系统，开发建设“互联网＋智慧农业”安全生产监管电子平台。

推广“四化”

早在 2016 年秋茶收获完毕之际，安溪在一场全县品茗会上，向茶农茶企茶商抛出“不忘初心、坚定信心、秉承匠心、上下同心”的“四心”观，以推广“四化”作为支撑，致力推进安溪铁观音大产业“二次腾飞”。

庄园化：到过茶庄园的客人，都青睐“眼见为实”的庄园茶，认为这才是健康绿色的好茶。有茶人认为，这几年外界对安溪铁观音有误解，只有通过庄园式体验，让消费者阅读到茶叶的“完全成长日记”，才能彻底打消他们的疑虑，从而成为安溪铁观音的深度拥护者。

去冰箱化：安溪铁观音，特别是清香型安溪铁观音，需要冰箱进行存放，这让追求方便快捷的新一代爱茶人感到“颇为不便”。为此安溪提出“去冰箱化”课题，不只是一个劲地求鲜爽，而要在晒青、摇青等环节，在“半发酵”程度等技术上，进行把控，出产

“不用放冰箱的好茶”，来引导消费市场。

农资监管平台（刘伯怡摄）

地标化：国标《地理标志产品　安溪铁观音》(GB/T19598—2006) 明确规定：只有在安溪辖区种植、生产的铁观音，才是安溪铁观音。加强地标使用和管理的制度，安溪县已实施多年，同时，进一步加大品牌保护力度，深入山东、北京、广东、贵州、海南等地开展跨地区打击经销假冒伪劣安溪铁观音产品行动，跨地区协助当地监管部门，依法对销售假冒安溪铁观音行为进行立案查处。

标准化：规范生产全过程。这几年，安溪县遵循传统制茶工艺和国家标准，以强势的行政作为，规范管理种植、生产、加工、流通等环节，同时对泡饮程序、独特品质、感官鉴定、保健功效等加以规范，形成较为完备的茶叶标准化体系，从而涌现出一批生态茶、基地茶、庄园茶、合作社茶、有身份证的茶。

（五）茶学院校

走进安溪，当地人会很自豪地告诉你，我们安溪有多所茶叶学

安溪茶学院（刘伯怡摄）

校，如安溪茶业学校、安溪华侨职校等，还有个高等学府，叫做福建农林大学安溪茶学院，还是“一本”呢。

步入校园，茶香扑鼻，体育馆、食堂、实验楼、学生宿舍楼、教师公寓、学生活动中心、教学楼、教职工俱乐部、茶文明史馆等20多幢大楼错落有致，教学办公区、后勤生活区、体育活动区、活动交流区、茶叶实验基地区等五大功能区区位分明，林木亭台等配套景观是安溪茶元素与古典园林艺术的有机结合，一派“千年凤城邑，万古山水茶”的山水茶学院风貌呈现在眼前。

安溪茶学院，位于安溪城东茶业新城，占地1200亩，由安溪县政府与福建农林大学合办，2012年开始招生，是全国唯一一所按茶全产业链设置专业的茶业公办本科二级学院。为建设安溪茶学院，海内外安溪人慷慨解囊，捐资7亿多元，创下福建民间集体捐资助学规模最大、金额最多的历史纪录，也刷新单个项目接受省政府捐资表彰人数的最高纪录。

“安溪作为中国乌龙茶铁观音之乡，茶产业的发展需要强劲的专业人才和技术支撑。”在学院办学思路上，安溪茶学院院长、茶学系教授、博士研究生导师林金科认为，一要实现高校办学与茶产业良性互动，当地茶产业为学院提供优质校外导师、大学生创新创业平台、科技孵化服务平台；高校则为当地茶产业提供提升文化品牌的知识支撑，提供科技创新的技术支撑，提供产业发展的人才支撑。二要以茶产业链为主线，设置上游、中游、下游专业，开展全产业链人才培养。上游为茶学专业等，中游为工商管理与管理科学专业等，下游为旅游管理与商务管理专业等。三要从多学科角度开展茶叶科学研究，包括茶自然科学、茶艺术科学、茶管理科学、茶经济科学、茶人文科学等科学领域的研究，使研究成果服务全产业链。这正是安溪茶学院的办学理念。

林金科表示，安溪茶学院，作为全国甚至全世界目前唯一以茶产业链为主线设置专业的本科二级学院，立足中国，特别是安溪茶产业，依托高校专业优势，以本科教学为主体，向上招收硕士、博士研究生和海外留学生，向下延伸到新型职业农民教育，形成本科—硕士—博士的完整茶产业学科教育培养体系。

安溪茶学院坚持“高起点、有特色、国际化”的办学理念，创新人才培养和教学模式，依托安溪茶产业链相关企业，强化大学生就业创业与实践教学，做到大学三年实践不断线，实现学校人才培养与社会人才需求无缝对接，致力将学院打造成为国际茶产业高端人才的摇篮和“公办民助”大学反哺社会的典范。

（六）茶业 4.0

在当前供给侧结构性改革大背景下，安溪县以互联网、物联网、大数据、云计算等计算机信息技术在茶业中的运用为基础，以创新的融合发展模式为核心，以茶业全产业链创业实践为引擎，推动茶产业创新发展、融合发展、共享发展，不断拓展延伸茶业功能，提高茶业综合生产能力，加速传统茶业向现代茶业转化，阔步迈向茶业 4.0 时代。

第七届全国茶产业经济研讨会暨安溪铁观音发展高峰论坛在安溪召开（刘伯怡摄）

2014 年 3 月，安溪获批创建国家农业科技园区茶叶园，通过建设现代茶业技术与装备集成区，打造高端平台。目前，园区内近 50 家茶企建设科研楼、实验室，规划建设的“351 工程”，包括“福建农林大学安溪茶学院、国家茶业质量安全工程技术研究中心、福建省乌龙茶质量与安全控制省级重点实验室”三大科教研发基地，茶叶标准化种植与初加工基地、茶叶精深加工基地、茶机具制造与包装基地、茶叶贸易物流基地、茶文化休闲旅游基地等五大产业基地，由国家茶叶质量监督检验中心（福建）、泉州检验检疫局下属的国家茶叶检测重点实验室（福建）以及安溪县农资监管与物流追踪平台组成的一个茶叶质量安全检测与监管中心。

国家茶叶质量安全工程技术研究中心

其中，国家茶叶质量安全工程技术研究中心是以福建安溪铁观音集团股份有限公司为依托单位的国家级工程技术研究中心，2014 年 9 月获得科技部批复同意立项组建；2018 年 7 月，通过科技部农村科技司与基础研究司的验收。该中心是全国茶产业目前唯一的茶叶质量安全国家级工程技术研究中心，也是泉州首个“国字号”工程技术研究中心。目前，中心已建成茶叶质量安全检验检测中心、研发室和实验室，拥有包括石墨烯火焰原子吸收光谱仪等大型现代精密分析检测仪器和研发设备。

该研究中心拥有雄厚的技术科研团队，设立以福建省科技厅厅长陈秋立为主任的管理委员会，承担决策管理工作；以陈宗懋院士、刘仲华教授、宛晓春教授、尤志明研究员等专家领衔的技术委员会，指导技术研发及各项工作。另外设置设立综合管理部、技术研发部、检验检测部、人才培训部和技术推广部等部门。三年多来，工程中心技术团队相继深入四川、贵州、湖南、安徽、山东、湖北等 13 个产茶区，完成445项茶叶经济主体技术推广工作，开展技术培训41场5825人次，在全国茶产区抽样检测2500多个样品，涉及6大茶类，覆盖13个产茶大省，为茶叶质量安全研究提供强有力的科学依据。

国家茶叶质量安全工程技术研究中心实验室

同时，该研究中心围绕茶园无害化生产技术研发、茶叶安全加工及贮运技术研发、茶叶有害物检测技术研发、茶叶质量安全可追溯体系应用与示范等领域，开展了一系列新技术、新产品研究开发，先后承担2项国家级、6项省、市级科研项目，横向委托研究开发项目5项；获得省科技进步奖一等奖1项，省标准贡献奖二等奖1项，市科技进步奖二等奖2项；获受理、授权专利17项，发表学术论7篇；开发茶叶新烟碱类农药快速检测仪等新技术新产品12个；获得2015年度全国名特优新农产品目录1个；起草国家标准2项，起草地方标准1项，起草企业标准3项。

该研究中心还将进一步加强技术研发和成果工程化，带动产业技术升级；扩大对外开放服务，提升中心引领能力；建立完善中心运行机制，提升创新团队素能；加大茶叶深加工领域研究力度，不定期举办产业高峰论坛；完善产业大数据、云计算、物联网平台建设等，推动中国茶产业大众化、多元化、工业化和国际化，为新时代茶产业发展提供新动能。

近年来，安溪县还创建“安溪铁观音 APP 大数据云平台”，通过建设全县茶园“全域实名制”，推动茶叶质量管控重心前移至生产第一线的茶农，将茶农生产特别是质量安全管理纳入有序、可控的轨道，进而实现茶叶全域物联网化管理；运用虚拟数字货币的理念，茶叶交易全程追踪，将茶叶质量各方主体责任有效传递，突破生产加工中茶叶需要多次交易，多次拼配，质量监管难的问题，实现从茶园到茶杯的全程可追溯管理；将全县各类茶叶生产经营主体全面纳入安溪铁观音地理标志证明商标管理范畴，实现“地标化”管理县域全覆盖，突破目前安溪铁观音地理标志覆盖面不够的问题，并有效区分县外铁观音和县内铁观音。

该平台主要有两个模块：一是地标监管平台，实现安溪全县茶园面积、茶叶生产、茶叶加工、销售等政府全盘有效管控。二是安溪铁观音官方直卖云商平台，实现安溪铁观音茶园到消费者环环相扣可追溯无缝对接。可通过分析掌控运营管理、群体分布、个体销售的大数据，进而实现安溪铁观音产品乃至产业的生态良性循环。此举打响安溪县在全国业界率先建成县域茶叶质量保障体系的品牌，推动安溪铁观音发展进入大数据“云时代”。

四

独步天下制茶艺

安溪铁观音传统制作技艺的发明，是安溪茶农长期经验的积累和智慧的结晶，安溪铁观音制作讲究“不偏不倚、调和折中、因时制宜、无过无不及”，与中国传统文化里的“中庸之道”不谋而合。因此说，安溪铁观音里浸透着中华传统文化的精华。

（一）茶艺相承

历史悠久的茶艺

安溪产茶历史悠久，始于唐末，兴于明清，盛于当代。始建于唐末的安溪名刹阆苑岩，历史上以产白茶闻名，其岩宇大门镌有“白茶特产推无价，石笋孤峰别有天”的对联，是安溪产茶最早的例证。

剑斗镇古茶树

1957 年，福建省茶叶科学研究所的专家们在安溪县蓝田乡福鼎山首次发现野生茶树。此后，又在蓝田乡的企山、剑斗镇的水头拔山、官桥镇的犀山，以及西坪镇、福田乡、祥华乡等地森林中发现野生古茶树群。其中剑斗镇水头拔山有株最大的野生古茶树，树高 6.5 米，胸径 0.58 米，树幅 3.2 米，树龄达 1200 多年，堪称“千年稀世活化石”。这些野生古茶树的发现，为安溪茶叶起源提供佐证。

五代时，安溪全县已基本产茶，并将茶叶作为礼品相互赠送。当时开先县令詹敦仁曾受龙安岩（后称青林岩）悟长老惠茶，留下一诗：

泼乳浮花满盏倾，
余香绕齿袭人清。
宿酲未解惊窗午，
战退降魔不用兵。

宋、元时，安溪茶叶已有较大发展。考古学家、厦门大学教授庄为玑在《安溪县的发展历史》一文中载：“安溪到了宋朝的时候，已有很大发展，潘田的铁矿和仙苑的乌龙种，就在这个时期生产的。”宋代，安溪的寺院道观植茶已相当突出。明嘉靖《安溪县志》载：“茶名于清水，又名于圣泉。”清水岩、圣泉岩为安溪两大历史名岩，尤其是清水岩，是国家 AAAA 级风景旅游区。《清水岩志》载：“清水峰高，出云吐雾，寺僧植茶，饱山岚之气，沐日月之精，得烟霞之霭，食之能疗百病。鬼崆口有宋植二三株，其味尤香，其功益大，饮之不觉两腋风生。倘遇陆羽，得以补茶经焉。”

明、清，是安溪茶业从发展走向中兴的重要时期。清乾隆《安溪县志》载：“茶，龙涓、崇信（今龙涓乡、西坪镇、芦田镇、祥华乡、福田乡——引注者）出者多。”“茶产常乐、崇善等里（今剑斗镇、

安溪蓬莱清水岩（刘伯怡摄）

白濑乡、蓬莱镇、金谷镇、魁斗镇等——引注者）货卖甚多。”这一时期，安溪茶业接连发生几件震撼中外茶界的大事，简称为“一大发现、两大发明”，即发现名茶铁观音，发明茶树短穗扦插育苗（该发明1978年荣获全国科学技术大会科技成果奖）、乌龙茶铁观音制作工艺。

茶艺精进与传播

安溪铁观音茶树品种发现后，其制作工艺起初比较简单，纯粹用“脚揉手捻”，近300年来制作工序、使用器具逐渐完善，代代相传，制作技术不断发展。

可以说，安溪乌龙茶（铁观音）传统制作技艺是我国所有茶类中最高超、最精湛、最独特的制茶技艺。清雍正年间（1723—

1735），安溪茶农吸取红茶“全发酵”和绿茶“不发酵”制茶原理，结合安溪的实际，创造出一套乌龙茶（铁观音）“半发酵”的独特制茶工艺，并根据季节、气候、鲜叶等不同情况灵活“看青做青”和“看天做青”技术。

采摘古茶树上的叶

其主要制作方法是：茶青在人为控制和调节下，先经晒青、晾青、摇青，使茶青发生一系列物理、生物、化学变化，形成奇特的“绿叶红镶边”现象，构成独特的“色、香、味”内质，又以高温杀青制止酶的活性，而后又进行揉捻和反复多次的包揉、烘焙，形成带有天然的“兰花香”和特殊的“观音韵”的铁观音高雅品质。

《中国乌龙茶》载：“刻苦勤劳的安溪茶农认真钻研制茶技艺，不断改进、革新采制技术。至今，安溪茶农已普通具有采制‘绿叶红镶边，七泡有余香’的乌龙茶精湛技术。国内外发展乌龙茶生产的地方，务必聘请安溪人担任技术员。可以说，安溪有足够的技术力量保证安溪制法的乌龙茶大量生产的需要。”

安溪乌龙茶（铁观音）传统制作技艺清初主要流行于西坪、虎邱、大坪、芦田、龙涓、长坑、蓝田、祥华、感德、剑斗等乡镇；清末已传遍全县各乡镇和闽南永春、南安、长泰、漳平、漳州等县市、闽北各产茶县及广东茶区，并随着邑民入垦台湾而传入台湾。

在安溪县内，随着铁观音种植地区由西坪、虎邱、大坪向祥华、感德乃至全县的发展，制作技艺也随之传播。在县外，安溪种茶、制茶师傅不断被聘请到全国五大乌龙茶产茶区（闽南、闽北、广东、台湾等地区）传播制茶技艺，高峰时期曾达数千人。

古法炒青（叶景灿摄）

（二）茶技非凡

安溪乌龙茶 (铁观音) 传统制作技艺包括采摘、初制、精制三个部分。

采摘

采摘时期：安溪铁观音一年可采 4—5 季，即春茶、夏茶、暑茶、秋茶和冬片。

采摘标准：安溪铁观音一般以嫩梢芽叶形成驻芽时，采下驻芽二三叶。

摘青

采摘技术：安溪铁观音系用人工手采，采用“双手虎口对芯采摘法”，并做到“三不带”（不带梗蒂、不带鱼叶、不带单叶）、“五分开”（不同树龄茶青分开、早午晚青分开、粗叶嫩叶分开、干湿鲜叶分开、不同地片茶青分开）。

初制

安溪铁观音初制工艺流程为：晒青—晾青—摇青—炒青—揉捻—初烘—初包揉—复烘—复包揉—烘干 10 道工序。

（1）晒青

晒青作用：利用热能使茶青适度失水，增强酶的活性，引起内含物生化变化，并适当破坏叶绿素，散发青气味，为以后各工序创造良好条件和物质基础。

晒青方法：日光晒青的时间一般在下午 4—5 时，把茶青放在笳篱里，每笳篱摊叶量 0.7—1.5 千克。其间翻拌 1—2 次，失水率 5%—12%，历时 10—20 分钟。

晒青适度：一般应掌握叶面失去光泽，叶色变为暗绿，发出微

晒青

微香气；叶质萎软，手持嫩梗向下垂直时，第一、二叶略下垂，嫩梗弯而不断，稍有弹性感。

（2）晾青

晾青作用：主要是散发叶间热气，促进叶内水分重新分布平衡，继续蒸发部分水分。

晾青

晾青方法：把整篱晒青叶移入晾青间的晾青架上，茶青两笳篱拼成一笳篱，或三笳篱拼成两笳篱，稍加摇动“做手”，使茶青呈蓬松状态。失水率 0.5%—1%，历时40—60 分钟。

（3）摇青

摇青作用：摇青又称筛青，是铁观音制作的关键工艺。茶青在外力的作用下，擦破叶缘部分细胞组织，溢出茶汁与空气接触，引起多酚类化合物局部酶促氧化，形成“绿叶红镶边”的奇特现象；同时使叶子内含物质成分进一步分解、转化、缩合，形成铁观音独特的色、香、味。

摇青

摇青方法：一般在下午 6 时左右进行。用茶筛（即竹篾制成的，有网孔的半圆球形状，直径 1.2 米，筛面中间系一根横木档，档上栓绳系于梁上，悬吊空中）操作，每茶筛装叶量 2.5—3 千克。操作时，双手各握一边筛沿作前后往返兼上下簸动，使叶子在茶筛里呈波浪式翻滚，筛面与叶子、叶子与叶子之间产生摩擦、碰撞。这样叶子“筛动”和“静凉”相互交替，反复进行，不断出现“退青”和“还阳”现象。筛青需掌握 “四条原则”，即筛青历时由少渐多，凉青时间由短渐长，摊叶厚度由薄渐厚，发酵程度由轻到宜。

摇青适度：一般筛青 4—5 次，历时 10—12 小时，叶色呈现梗蒂青绿，叶脉透明，叶肉淡绿，叶缘珠红，即青蒂、绿腹、红镶边。

（4）炒青

炒青作用：铁观音内质“色、香、味”在做青阶段已基本形成，炒青是转折工序，具有承上启下的作用。承上是利用高温迅速破坏叶内酶的活性，制止多酚类化合物的继续酶促氧化，巩固已形成的品质；启下则是继续蒸发部分水分和青气味，使叶质柔软，为后面工序和塑造外形创造条件。

炒青

炒青方法：一般在翌日 5—6 时下鼎炒青。用木柴把鼎烧热，当鼎温升至 230—250℃时，立即把叶子倒入鼎中，用木扒手不断翻炒。投叶量 2—3 千克，历时 8—10 分钟。

炒青适度：叶色由青绿色变为黄绿色，叶张皱卷，叶质柔软，顶叶下垂，手捏有黏性感，失水率 16%—22%。

（5）揉捻

揉捻作用：炒青叶在揉捻机压力的作用下，使叶细胞部分组织破裂，挤出茶汁，凝于叶表，初步揉卷成条。这不仅可增强叶子的黏结性和可塑性，而且为烘焙、塑形打好基础。

揉捻方法：把茶叶倒入木质手推揉捻机的揉桶里，投叶量每桶

3—5 千克，转速 40—50 转 / 分钟，历时 3—4 分钟，其间要停机翻拌一次。操作应掌握“趁热、适量、快速、短时”的原则，防止焖黄劣变。

（6）初烘

初烘作用：茶条在热的作用下，进一步破坏残余酶的活性，蒸发部分水分，浓缩茶汁，凝固于茶条表面，并使茶条可塑性增强，便于包揉成型。

初烘方法：把茶叶放在焙笼里，用炭火烘焙，一般投叶量 1.5—2 千克，温度掌握在 90—100℃，历时 10—15 分钟。其间翻拌 2—3 次，烘至六成干茶条不粘手时下烘。

（7）初包揉

初包揉作用：包揉是安溪铁观音的独特工序，是塑造外形的重要手段，运用“揉、搓、压、抓”等技术，进一步揉破叶细胞组织，揉出茶汁，使茶条紧结、卷曲、圆实的外形。

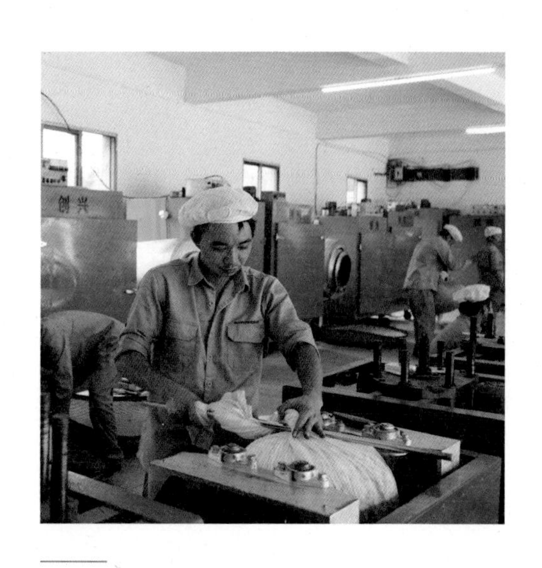

包揉

初包揉方法：用白细布巾包揉，规格 70 厘米 ×70 厘米。将茶坯趁热放入布巾里，每包叶量 0.5 千克左右，放在木板椅上，一手抓住布巾包口，另一手紧压茶团向前向后滚动推揉。揉时用力先轻后重，使茶坯在布巾里翻动。轻揉 1 分钟后，解开布巾、茶团，再进行重揉 2—3 分钟。一般历时 3—4 分钟，使茶坯卷曲、紧结。初包揉后，应解去布巾，将茶团解散，以免闷热发黄。

（8）复烘

复烘作用：复烘俗称“游焙”，主要是蒸发部分水分，并快速提升叶温，改善理化性状，提高可塑性，为复包揉创造条件。

复烘方法：复烘应“快速、适温”，温度掌握在 80—85℃，投叶量每焙笼 1—1.5 千克，历时 10—15 分钟。其间翻拌 2—3 次，烘至茶条有刺手感，约七成干时下烘。

（9）复包揉

复包揉作用：进一步塑造茶叶外形。

复包揉方法：复烘后的茶坯要趁热复包揉，一直揉至外形紧结、圆实，呈“蜻蜓头”“海蛎干形”。复包揉后，要扎紧布巾口，搁置一段时间，把已塑成的外形固定下来。

（10）烘干

烘干作用：进一步散发多余的水分，达到干燥、便于贮藏的要求。同时茶叶在热的作用下，内含物产生热化学变化，增强香气和滋味。

烘干方法：把茶叶放在焙笼里，用炭火进行“低温慢焙”，分两次进行。第一次称“走水焙”，温度 70—75℃，每焙笼放 3—4 个压扁的茶团，烘至茶团自然松开，约八九成干时下烘，散热摊凉 1 小时左右，使茶叶内部水分向外渗透。第二次称“烤焙”，温度 60—70℃，投茶量 2—2.5 千克，历时 1—2 小时。其间翻拌 2—3 次，烘至茶梗手折断脆、气味清纯，即可下烘，稍经摊凉后趁热装进大缸里，即为毛茶，可以泡饮。

精制

安溪乌龙茶（铁观音）精制工艺流程为：筛分—拣剔—拼堆—烘焙—摊凉—包装 6 道工序。

（1）筛分

筛分目的：把毛茶中的梗、片、末、茶分离，使各号茶外形相近似，符合精茶的规格要求。

筛分方法：用茶筛进行筛分。按茶筛筛孔大小分 1、2、3 号筛三种，1 号筛孔 0.5 厘米 ×0.5 厘米，2 号筛孔 0.3 厘米 ×0.3 厘米，3 号筛孔 0.2 厘米 ×0.2 厘米。先用 3 号筛筛出茶末，然后用 2 号筛、1 号筛，把梗、片、茶分离并分别归堆。

（2）拣剔

拣剔目的：剔除次质茶和非茶类夹杂物。次质茶包括茶梗、茶朴、茶籽、茶片、扁条、死红条等；非茶类夹杂物包括砂子、竹木纸片等，以纯净茶叶品质。

拣剔方法：把毛茶放在簸箕里，用人工手拣，要求达到“三清一净”，即茶中的梗、片、杂物拣清，

拣剔

地上干净无掉茶。

（3）拼堆

根据茶叶各等级的质量要求，对号入座，将各号茶按比例拼堆，每堆数量可多可少，依实际情况而定，然后分别进行烘焙。

（4）烘焙

烘焙目的：毛茶在贮藏、运输、筛分、拣剔过程中，吸收空气中的水分，使外形变松。经过适度烘焙，散发多余的水分，消除杂味，增强香气，增浓茶汤，提高品质。

烘焙

烘焙方法：把茶叶放在焙笼里，用炭火进行“低温慢焙”，以保持香高、味醇、耐泡的品质。烘焙的温度要根据不同等级、销区的不同要求，采用不同的火功。一般高档茶火功宜轻，历时宜短，以免香气失散；低档茶火功宜足，历时宜长，以产生“火香味”。

（5）摊凉

摊凉目的：烘焙后的茶叶温度达60—80℃，必须及时、快速散发茶叶内的热气，降低温度，固定茶叶烘后的火功，防止闷堆，产生高火味。同时，通过摊凉，自然冷却，使茶叶内的水分重新分布平衡，保证产品质量，提高茶叶精制率。

摊凉方法：用清洁干净的摊凉间，将茶叶薄摊于地板上，让其散热自然冷却，即成精茶（商品茶）。

（6）包装

茶叶摊凉后，要及时进行包装，防止受潮和混杂。包装分为大包装（运输包装）和小包装（礼品包装）两种。

大包装：主要用于大批量茶叶贮藏和运输，多采用箱装。清代，是用木板箱，箱外套一层篾壳；现代，采用胶合板箱和瓦楞纸板箱，每箱装茶量 18—25 千克。

小包装：主要为适应不同层次消费者需求采取的措施，除应具备保质功能外，还注重装潢美观。清代，小包装是用四方形毛边纸包装，每包 250 克、500 克等。现代，小包装款式多样，装潢新颖，千姿百态，琳琅满目，种类有纸盒、竹盒、胶合板盒、硬塑料盒、锡罐、铁罐、瓷罐、铝塑复合袋等。款式有圆形、菱形、四方形、长方形、六角形等，装茶量有 7 克、10 克、50 克、100 克、125 克、250 克等。

全自动乌龙茶生产线（刘伯怡摄）

（三）匠心独具

安溪铁观音传统制作技艺是安溪劳动人民发明出来的，具有较高的独特性、科学性和实用性，概括起来有以下五大基本特征。

高超

安溪铁观音制作技艺兼收并蓄，吸取红茶“全发酵”和绿茶“不发酵”的制茶原理，进行中和，创造出一套铁观音“半发酵”制茶理论。为达到“半发酵”的效果，需要工序多，工具也繁复，操作难度更高。铁观音工序多达10道，而红茶、绿茶仅4道，铁观音多了6道工序。

“中国茶的世界”国际学术研讨会在安溪召开（刘伯怡摄）

"半发酵"程度要不偏不倚，既不能不发酵，又不能发酵过头。所以，被茶叶界公认为"最高超的制茶工艺"。

精湛

安溪铁观音制作技艺原先所有工序都是手工操作的，十分精细，连续十几个小时，一道道地晒、晾、摇、炒、揉、烘，像制作艺术品一样。时至今日，铁观音制作的某些工序还不能用机械代替，无法像绿茶一样自动流水线生产，故有"好喝不好制"之说。

灵活

安溪铁观音制作技艺在操作过程中除按基本规程制作外，更重要的是要根据季节、气候、鲜叶等不同情况灵活掌握，所有工序操作的时间、程度等都不是一成不变的，必须因时因地因茶青制宜，具有较强的灵活性、哲理性。因此，行业内有灵活"看青做青"和"看天做青"的茶谚。

禅茶（黄东华）

神奇

安溪铁观音制作技艺的关键是做青，它包括晒青、晾青、摇青三道工序。鲜叶通过“摇动”和“静凉”相互交替，反复进行，不断出现“退青”与“还阳”现象，其内含物质发生一系列物理、化学变化，呈现出“绿叶红镶边”的神奇征象。这是其他茶类所没有的。正因为有这种神奇征象，才能形成铁观音独特的色、香、味，才富有神韵和魅力，才倾倒无数饮茶嗜好者。

独特

安溪铁观音整套制作技艺独特，其中有独特工序之一包揉，是其他茶类所没有的。包揉是塑造茶叶外形的重要技艺，它采用白布巾包裹，运用“揉、搓、压、抓”等技术，进一步揉破叶细胞组织，挤出茶汁，使茶叶紧结、卷曲、壮实，呈圆润美观的外形，并有利于耐冲泡。由于铁观音制作工艺独特，其产品也独树一帜，具有天然的“兰花香”和特殊的“观音韵”。

（四）赛茶比技

茶者匠心，国饮飘香。为大力弘扬工匠精神，传承安溪铁观音传统制作技艺，推动茶产业可持续发展，助力安溪茶产业“二次腾飞”，从2017年开始，安溪县与福建农林大学安溪茶学院联合举办

首届安溪铁观音大师赛审评现场（刘伯怡摄）

二届安溪铁观音大师赛，力求打造一批集种茶、制茶、评茶、说茶等各项技能于一身的实力派安溪铁观音大师与名匠，加快培育安溪县茶业人才队伍。该赛事规格高、奖金高、水平高、透明度高，备受中国茶行业瞩目。

赛事亮点一：百万重奖茶王。设置“百万重奖”引起社会各界极大关注，形成了聚焦，具有很强的导向作用，有利于引导广大茶农茶商传承传统制茶工艺制售好茶，鼓励“茶二代”、年轻一代人从事茶行业，为安溪茶产业的发展不断注入人才资源；也进一步彰显安溪县委、县政府宣传传统工艺，恢复安溪铁观音正统，助力安溪茶产业“二次腾飞”的信心和决心。

赛事亮点二：赛制方式创新。大师赛活动改变以往茶王赛和初制赛的方式，由一线制茶人实实在在的参与大比拼，既赛制茶，又赛讲茶评茶，还进行综合考评；面向市场，改变以往的茶王赛的评

首届安溪铁观音大师赛二十强（陈庚嘉摄）

第二届安溪铁观音大师赛颁奖现场（刘伯怡摄）

定方式，邀请国家级专家学者、专业评委、茶企茶农和干部职工代表、安溪铁观音消费者代表组成20名的庞大阵容，进行品鉴和评分。因此，大师赛活动必将引领安溪铁观音在茶业界树立起新的风向标。

赛事亮点三：赛场激发活力。大师赛活动从村级赛、乡镇选拔赛，到复赛，层层选拔，从一线茶农茶商中寻找顶尖高手进入全县决赛，通过严密赛程、赛制，调动参赛选手的主观能动性。时间跨度长，高潮迭起，让每一位选手有充分的时间去准备，用心比赛，充分调动茶界优秀制茶人的创作热情，选拔培养一批优秀制茶名匠和大师。

首届安溪铁观音大师赛于 2017 年 4 月开赛，从春雨绵绵的谷雨时节到烈日炎炎的小暑时节，历时三个月。赛事吸引了超过 2000 名制茶能手报名，其中不乏制茶名师，更多的则是“70 后”“80 后”的新生代制茶能手。选手经过初赛、复赛、决赛三个阶段，以及制茶、评茶、讲茶、公众投票、综合考评等多个环节，层层考核，决赛产生总得分前两名参赛选手李金登和王清海获“安溪铁观音大师”称号，奖金各 100 万元；刘金龙、陈素全、高童谦、王逢春、刘文品、詹玉炎、陈朝金、杨木山等 8 人获“安溪铁观音名匠”称号，奖金各 5 万元。

第三届安溪铁观音大师赛启动仪式（刘伯怡摄）

第二届安溪铁观音大师赛于 2018 年初启动，大赛新增茶园管理评比，赛程更加合理，赛制更加规范，用近乎严苛比赛规则，对制茶、评茶、讲茶等各环节全面综合考评。6000 多名茶界能手踊跃报名，最终决出 10 强。刘金龙、刘协宗摘得“安溪铁观音大师”称号，陈春、陈宁石、王木辉、詹忠辉、吴政山、陈双泉、许金锡、詹朱祥等 8 人获“安溪铁观音名匠”称号。

第三届安溪铁观音大师赛于 2019 年 4 月 1 日至 10 月 16 日举办，历时 6 个多月。与上两届相同，第三届大师赛将评出“安溪铁观音大师”两名，各奖励工作研究经费 100 万元；“安溪铁观音名匠”8 名，各奖励工作研究经费 5 万元，并扶持“安溪铁观音大师”“安溪铁观音名匠”建立大师（名匠）工作室，发挥示范带头作用，引

第三届安溪铁观音大师赛之烘焙赛

导安溪铁观音大师和名匠更好服务安溪茶乡。赛事项目在前两届基础上有所增加，除茶园管理评比、讲茶比赛、茶叶审评、茶叶制作比赛外，新增烘焙比赛，力求打造一批集种茶、制茶、评茶、说茶等各项技能于一身的实力派安溪铁观音大师与名匠。最终，李力周、陈艺峰两人获得“安溪铁观音大师”称号；李凯林、陈清龙、李加鸿、詹玉炎、刘协明、吴政山、陈宁石、陈繁荣等 8 人获得“安溪铁观音名匠”称号。其中，詹玉炎、吴政山、陈宁石等 3 人两度被获为“安溪铁观音名匠”。

三届安溪铁观音大师赛大力弘扬安溪铁观音传统制作技艺，传承匠心精神，为安溪茶产业转型升级注入新生机和活力，在全国茶业界树立起新风向标。

五

茶韵茶艺茶文化

濑乡2016年秋季
乡土白濑 南音
年秋季铁观音茶
员会 安溪县白濑乡人民政府

安溪铁观音茶园美如画（叶景灿摄）

安溪铁观音具独特的生活属性。中国有句俗语说：“开门七件事，柴米油盐酱醋茶。”可见，茶已经通过不同的表现渗透到寻常百姓家。同时，安溪铁观音具有浓郁的文化属性，深刻地影响着当地的人文环境和民俗文化。

（一）美妙的观音韵

谈及“观音韵”，有的茶农会用具体的滋味告诉你，说是兰花香、

茶界泰斗张天福在品饮安溪铁观音

桂花香、稻花香、栀子花香；而有的茶农说是苹果香、葡萄香、凤梨香、焦糖香；也有茶农说是炒米香、炒麦香、炒黄豆香；更有茶农站出来反驳说，好像全都是，也好像全不是……

“谁能寻得观音韵，便是百岁不老人。”观音韵，有高有低、有强有弱、有深藏不露、有霸气逼人、有温文而雅、有婀娜多姿。千奇万种、无穷无尽，皆是观音韵。那么，到底韵味是怎样的一个感觉呢？我们来听听专家怎么说。

茶界泰斗张天福曾经亲自写出所体悟的观音韵：乌龙茶品质的审评上要求“香、韵、活、鲜、醇”。所谓铁观音的“音韵”，似乎是不可捉摸的一种抽象概念，但也有它的物质基础。如按其品质特征，第一，品种香显；第二，滋味和香气相吻合；第三，饮后有回甘。

著名茶叶专家陈椽在《中国名茶》一书中写道：“品质优异的铁观音具有独特的‘音韵’，回味香甜浓郁，冲泡七次仍有余香，堪称茶中之王。”

著名茶叶专家陈彬藩的《茶经新篇》中写道：

铁观音的香气，有如空谷幽兰，清高隽永，灵妙鲜爽，达到超凡入圣的境界，使人雅兴悠远，诗意盎然。铁观音的滋味十分浓郁，但浓而不涩，郁而不腻，余味回甘，有如陆游诗句“舌本常留甘尽日”的感受。这种风味，来自良种本身的优异品质，所以具有天真纯朴的情趣，安溪铁观音才有这种“天真味”和“圣妙香”，所以称之为“音韵”，意即铁观音的独特韵味。

青香扑鼻

安溪茶农总结“观音韵”最明显的味道，在当地被称为“煌口香”(闽南语)，即茶香中带有明显的“煌”(闽南语)特征。这个词的含义用文字难以准确描述，简单点说，就是指一种非常特殊的茶香，是在安溪铁观音兰花香基础上附加的一种味道，带鲜爽，又显张扬。还有就是幽雅类型的兰花香，香型馥郁清幽，有如兰花香味沁出。这种香型馥郁持久，从一泡到八九泡依然存在。

也有茶叶专家称，安溪铁观音的香韵，是工艺香，是由制作过程中转化而来。铁观音制作工艺非常复杂，一采二晒三摇四炒五揉六捻七烘，每道工序都影响着香气的形成。做青最关键，机器无法代替，需要人工灵活运用，要技术、经验，还要有悟性。同样的茶青，同样的环境条件，不同的师傅做出来的茶叶品质是绝对不一样的。

千年安溪文庙墙饰的砖雕茶席

更有茶叶专家表示，安溪铁观音的香韵，是地域香。安溪铁观音产于属于国家地理标志保护范围内的安溪，这里有得天独厚的自然条件，包括海拔、土质、季节、气候(光照、温度、湿度、风)、年降水量等诸多元素的组合。“橘生淮北则为枳”，离开安溪，再高明的师傅也无法复制出安溪地域的品质。

安溪县茶叶协会在《安溪铁观音知识问答》中释义：安溪铁观音的独特优异品质是由品中香、地域香与工艺香三者有机融合而成，表现为香气优雅馥郁，滋味醇厚甘爽、回甘生津、齿颊留香，具“天真味、圣妙香”，称“观音韵”。

总之，观音韵的形成，需要包括“天、地、人、种”四大方面。天，是指茶树生长和制茶的气候条件；地，是指茶树生长的地理环境；人，就是制茶师傅的技艺；种，就是纯正的铁观音树种。也就说观音韵是安溪这一片独特的天、地、人、种自然融合出来的，是安溪特定土壤、海拔、气温、光照、雨水等生态环境里长出来的，是处在安溪特定节气采摘、经过特定工艺制作出来的。

（二）保健养生益健康

百岁老人品茶话养生

安溪铁观音好喝是因为安溪铁观音既有绿茶的清香又有红茶的甘醇，集红茶绿茶优点为一身的半发酵茶，具有天然花果香和独特观音韵；品后余韵悠然、神清气爽、精神焕发、超凡入圣，常饮韶光长留。安溪铁观音还具有显著的降脂护肝、降低尿酸、调理肠胃、抗炎清火、延缓衰老等五大功效，喝铁观音有利健康，身心健康了才能一身轻。

饮茶始于中国，盛于世界。几千年来，伴随茶文化的传播与普及，茶已经通过不同的表现渗透到寻常百姓家。在安溪，有“安溪人待客茶当酒”的谚语，家家户户备茶具，有客人到访，安溪人都会用一句“来，呷茶！”热情招呼他喝安溪铁观音，品安溪铁观音。安溪铁观音已成为安溪人生活处事必不可少的一部分。

安溪铁观音具独特的养生保健属性。经现代科学研究表明，安溪铁观音茶汤中阳离子含量较多而阴离子较少，属于碱性食品，可帮助体液维持碱性，保持健康。每个安溪人平均一年至少要喝掉 5 公斤的铁观音茶叶。至 2018 年，安溪百岁老人 69 人，90 岁以上

2500多人，80岁以上近3万人。

此前的2014年5月24日，中国中央电视台四套《走遍中国》栏目，播出安溪专题节目《添寿福地——安溪》，以安溪县的三位长寿老人为代表，讲述了老人各自特殊的长寿法宝，解开铁观音的“长寿基因”。

中央电视台《走遍中国》栏目到安溪拍摄，揭秘铁观音的“长寿基因”

2015年11月，《金陵晚报》报道南京市中医院肛肠科金黑鹰主任的研究成果，说明半发酵类的乌龙茶抗癌防癌效果更佳。安溪铁观音作为乌龙茶的精品，不仅可预防癌症，还有延缓衰老、预防动脉硬化、防治糖尿病、减肥健美、防治龋齿、杀菌止痢、清热降火、提神益思等功效。

安溪铁观音具独特的人文属性。安溪铁观音作为高端茶品的代名词，在待客、交友和个人修身养性方面，功效独特。安溪铁观音需要冲泡，待客时要烧水洗杯，准备过程宾主嘘寒问暖，其情融融；客人边品茶边与主人叙旧，过程十分融洽亲和，程序化冲泡品饮，使人心静，利于养性怡情，品饮铁观音就是享受慢生活的过程。

北京大学社会学系教授王铭铭认为，铁观音不单是一种“农作物”，而是一种具有高度人文价值的“文化之物”。在世界茶叶大家族中，安溪铁观音非常特殊珍贵。安溪铁观音依赖繁复、精湛的制作工艺，冲泡品饮讲究艺术，个性鲜明不容易标准化，所以需要很多工艺匠心才能制作出来。铁观音“天地人种”四要素缺一不可，其中蕴含视天地、自然为母亲的传统，体现人与人、人与自然、人与神这三种关系。通过铁观音能说明广阔的人类社会问题，能和谐各种关系。随着社会发展，铁观音的人文价值必定会越来越彰显出来。

中央电视台《走遍中国》栏目在拍摄安溪铁观音有机茶制作（刘伯怡摄）

安溪铁观音蕴含着和谐健康理念。当安溪铁观音从艺术层面走向生活，展现的是对现代慢生活的诠释，体现天、地、人、茶有机统一，体现历史与现实交相辉映，社会与自然和谐共融。无论何时何地，喝安溪铁观音都是和谐的象征。无论从种植、加工，或者是品饮、赏艺，安溪铁观音都传承着中华“和”文化的精髓，体现的是人与人、人与自然、人与社会的和谐。

同时，男女老幼，谁都可以喝安溪铁观音。安溪铁观音富含人体所需的蛋白质、氨基酸、多种维生素及多种矿物质，对人体健康有着特殊功能。安溪铁观音顺应“东方保健品”的时代潮流，关注的是全人类的生命品质、生命健康。

借助“一带一路”风帆，安溪铁观音影响越来越大。因此素有“安溪铁观音好喝一身轻”一说。安溪铁观音被认为是保健康乐、社会联谊、净化心灵、传播文明的纽带。在全球化大背景下，喝安溪铁观音是极好的生活享受、文明的生活时尚。安溪铁观音带着和谐、健康、典雅、包容和纯、雅、礼、和的茶道文明，成为全球范围内的和平使者。

（三）茶都茶韵氤氲

在漫漫岁月里，安溪茶文化集历史、经济、宗教、民俗、礼仪、教育、医学、园艺、陶瓷于一堂，融诗词、书画、歌舞、戏剧、影视等文学艺术于一体，以其独特的风格顽强地屹立在茶叶之林，繁

《飘香》MTV 开机仪式（刘伯怡摄）

衍发展，声名远播。在对外文化交流、联络海外侨亲以及社会主义物质文明和精神文明建设中都起到了积极作用。

安溪县委、县政府充分重视，运用挖掘整理、发展创新、体系构建、推广宣传等四大措施，推动茶文化发展；通过建设茶文化主题公园、举办大型茶事活动、主流媒体宣传、征文征歌比赛、拍摄电视剧、拍摄音乐微电影、出版书籍杂志、打造茶文化旅游路线等方式，在全国茶界茶市传播“安溪铁观音·和谐健康新生活”“安溪铁观音好喝一身轻”等与时俱进的发展内涵和思路，为安溪茶产业发展抢占舆论先机，实现茶文化与茶经济的互动共荣。

城市建设融茶入景

注重“全域茶都”理念，在城乡景观改造、城市规划建设中，

安溪铁观音茶园（刘伯怡摄）

有机注入茶文化元素，塑造以茶为主题的城市形象。在中国茶都、中国茶博汇、安溪茶学院、岩岭隧道等大型项目的规划设计中，将《茶经》、茶诗、茶叶形象、铁观音制茶工艺等茶文化元素，外化体现到建筑物、装饰、配套景观中。各乡镇在镇标设置、镇容塑造中，呈现出丰富的茶元素，不管身处何处都能感受到山清水秀、茶叶飘香、独具风情的现代茶都魅力。

建设茶文化长廊

在安溪东高速公路出口建设茶文化长廊，将茶园山水景观墙、茶圣陆羽雕塑、“魏说”景墙、“王说”景墙、乌龙将军雕塑等景观和自然风景有机融合，集中展示安溪茶文化，营造出浓浓的茶味。

抢占茶文化理论高地

深挖安溪铁观音的精神领域，组织茶叶种植技术、制作加工、茶文化等方面的理论研究，逐步构建茶文化理论体系。2013 年，安溪县有关部门与北京大学联合成立安溪铁观音人文状况调研组，开展为期 2 个月的“安溪铁观音人文状况”课题实地调研，是国内首次从社会学、人类学的角度，对中国茶开展全面系统的“人文研究”。调研活动最终形成 5 万字《安溪铁观音人文状况调查报告》论文，在 2014 年 3 月的《文化学刊》全文发表，引起国际学术界的广泛关注。2014 年 5 月，安溪县人民政府与北京大学联合举办“中国茶的世界——安溪铁观音文化现象的国家意义”国际学术研讨会，汇集了海内外 30 余名顶尖学者，深入探讨研究中国茶文化对推进东西方文化交流的作用和影响，重点探讨安溪铁观音文化现象的国家意义。

出版茶文化系列专著

安溪系列茶书亮相法兰克福国际书展

深度挖掘安溪民间的茶文化资源，编辑出版《中国安溪茶叶宝典》《铁观音秘笈》《话说安溪铁观音》《铁观音的王国》《安溪铁观音，一棵伟大植物的传奇》《茶之原乡——铁观音风土考察》《安溪寻茶记：名山名茶名人》等一系列茶文化书籍，从理论和实践高度丰富安溪茶文化内涵，受到市场的热烈欢迎。其中，由安溪报社策划编著的《安溪寻茶记：名山名茶名人》在2014德国法兰克福书展举行首发，是中国茶文化系列图书首次亮相国际书展。安溪县文联创办《铁观音》文学期刊，组织创作出版铁观音文艺丛书，逐年推出文学、书法、美术、摄影等系列文艺专著。

（四）茶艺茶歌茶舞

安溪山川毓秀，人杰地灵，素有“龙凤名区”之美称。在这片民俗风情淳朴、文化底蕴深厚的飘香土地上，孕育出丰富多彩的茶文化，如享誉四海的安溪茶艺、茶歌茶舞、茶诗茶联、茶戏剧茶影视、茶书刊茶摄影等，其中以安溪茶艺和茶歌茶舞尤为突出。

茶艺

安溪茶艺是一套具有安溪茶乡独特风格、融传统茶道与现代风韵为一体的安溪铁观音茶艺孕育而生，分为 16 个流程：

(1) 神入茶境：茶者在沏茶前以清水净手，端正仪容，以平静、愉悦的心情进入茶境，备好茶具，聆听中国传统音乐，以古筝、箫来软化氛围，安静心灵。

(2) 展示茶具：安溪茶具有民间传统惯用的茶具茶匙、茶斗、茶夹、茶通，炉、壶、瓯杯以及托盘，号称“茶房四宝”。随着音乐的旋律，茶房四宝一一展示在茶客面前。

(3) 烹煮泉水：冲泡安溪铁观音，烹煮的水温需达到 100℃，这样最能体现铁观音独特的香韵。随着电磁炉广泛应用，传统炭炉进而被取代。

(4) 淋霖瓯杯：也称“热壶烫杯”，就是用烧好的开水先洗盖瓯，再洗茶杯，预留一定的温度在瓯杯中。

(5) 观音入宫：右手拿起茶斗把适量茶叶装入，左手拿起茶匙，缓缓将安溪铁观音装入瓯杯。

(6) 悬壶高冲：提起水壶，对准瓯杯，先低后高冲入，使瓯中茶叶随着水流旋转，徐徐舒展。

(7) 春风拂面：左手提起瓯盖，轻轻地在瓯面上绕一圈，把浮在瓯面上的泡沫刮起，然后右手提起水壶，把瓯盖冲净。

神入茶境

展示茶具

烹煮泉水

淋霖瓯杯

观音入宫

悬壶高冲

(8) 瓯里酝香：铁观音茶叶下瓯冲泡，须等待一至两分钟，才能充分地释放出独特的香韵。

(9) 三龙护鼎：斟茶时，把右手的拇指、中指夹住瓯杯的边沿，食指按在瓯盖的顶端，提起盖瓯，把茶水倒出，三个指称为三条龙，盖瓯称为鼎，称“三龙护鼎”。

(10) 行云流水：提起盖瓯，沿托盘上边绕一圈，把瓯底的水刮掉，防止瓯外的水滴入杯中。

(11) 观音出海：俗称“关公巡城”，就是把茶水依次巡回均匀地斟入各茶杯里，斟茶时应低行。

(12) 点水流香：俗称“韩信点兵”，就是斟茶斟到最后，瓯底最浓部分，要均匀地一点一点滴到各茶杯里，达到浓淡均匀、香醇一致。

(13) 敬奉香茗：茶艺小姐双手端起茶盘彬彬有礼地向各位嘉宾、茶友敬奉香茗。

(14) 鉴赏汤色：品饮铁观音，先要观其色，就是观赏茶汤的颜色。

(15) 细闻幽香：闻闻铁观音的香气，那天然馥郁的兰花香、桂花香，清气四溢，令人心旷神怡。

(16) 品啜甘霖：品其味，品啜铁观音的韵味，感受香韵入喉入肺腑入心的美好感觉。

安溪是世界名茶铁观音的发源地。安溪茶人制作出如此浑然天成的安溪铁观音，钟爱安溪铁观音的爱茶人想要喝到美妙绝伦的一泡好茶，达到黄明哲博士所言“若有所想”的精神境界，除了需要一泡上品安溪铁观音，也需要一套系统的泡茶技艺。

春风拂面

瓯里酝香

三龙护鼎

行云流水

敬奉香茗

鉴赏汤色

细闻幽香

品啜甘霖

安溪铁观音茶汤

由于安溪铁观音独具匠心的生产制作工艺，注定冲泡技艺也是非常考究与独特的。选用的茶具，使用的水，冲泡的时间，每一个环节、细节无不影响着安溪铁观音茶水的质量。同一泡好茶，由于所选茶具的不同，所使用水质的差异，都可能泡出风格迥异的不同茶味来。安溪铁观音品饮艺术，讲究茶叶优质、

安溪铁观音茶艺（刘伯怡摄）

茶艺新苗（王绪强摄）

泉水纯净、茶具精美、茶艺高雅、茶境和谐。

安溪铁观音茶艺表演（叶景灿摄）

铁观音茶艺，源于民间功夫茶，浓缩着中华茶艺的精华。为了将这种独到的冲泡技艺广为传播，从上个世纪90年代开始，安溪就组建安溪茶艺表演队，后更名为安溪茶文化艺术团。每逢重大茶事活动，安溪铁观音茶艺表演成为不可或缺的美景，除精细解读冲泡技艺，更将安溪铁观音“纯雅礼和”的内涵演绎得淋漓尽致。

南音与安溪铁观音

十多年来，安溪茶艺在北京、上海、广州、香港、澳门等几十个城市留下芳踪，更在日本、韩国、法国、科威特等国家播下安溪铁观音的绵绵情愫。

欣赏过安溪铁观音茶艺，无不为其独到的表演和所传递出的神韵而赞叹称奇。全国政协常委、福建省原省长胡平题词“探索千年茶文化，寻觅观音古韵”；《解放日报》主编丁锡满先生写下“嫩柳池塘初拂水”的佳句；1999 年联合国教科文事务和公共关系委员会特项部主管阿丽丝·德·简丽丝一行在泉州市考察期间观看安溪茶艺，高兴地题词“我今天遇到一件最美好的事，就是纯、雅、礼、和”……

安溪铁观音茶艺，演绎的是和谐自然，体现的是健康快乐。在安溪铁观音茶艺对铁观音茶文化的传播和传递间，越来越多的爱茶人，日益懂得将舞台上的茶艺，逐渐融入生活中的茶艺，一步步接近安溪铁观音的灵魂与精髓。

如今，安溪铁观音茶艺已不再停留在表演的层面上，而是涉及茶学、美学、礼仪学等方面，包括茶艺环境、茶艺音乐、茶艺人才选拔等。茶业界将安溪茶道与日本茶道、韩国茶道并称国际三大茶道。

茶歌茶舞

近些年，有关部门通过对流传于民间的几百首山歌进行挖掘和整理，收编成许多风格独特、曲调优美的铁观音茶歌。如：《安溪人待客茶当酒》《人到安溪不想走》《谁能寻得观音韵》等，还有由著名词曲家制作、著名歌手毛阿敏演唱的《铁观音》、

茶舞

谭晶演唱的《飘香》等系列茶歌。

还有，通过对民间传说以及茶叶制作工艺相结合，编排成富有茶乡特色的舞蹈，如，《乌龙茶的传说》《摇香入韵》《茶香早春》《采茶扑蝶》等，把乌龙茶精湛的采制工艺通过舞蹈演员肢体语言，刻画成美不胜收的艺术作品。

（五）茶俗茶礼

安溪是有着1000多年产茶历史的古老茶乡，通过长期生活积累，演变发展，口传心授，世代相袭，自然积淀而形成独具特色的茶俗。茶，渗透到安溪茶乡人民生产、生活，以及衣食住行、婚丧喜庆、迎来送往的礼俗和日常的交际之中。迎宾送客以茶相待，是安溪世代相承的传统礼俗。“安溪人真好客，入门就泡茶。”说的是到安溪来做客，主人必定会拿出珍藏的上好茶叶，点起炉火，烹起茶来，品饮一番。“未讲天下事，先品观音茶。”茶叶，又是安溪人礼尚往来的首选礼品，亲戚来往探亲，朋友之间互访，携带的见面礼也往往是特产名茶。

婚姻茶俗

早在明清时期，随着安溪茶业兴盛，茶就已融入当地婚俗。婚前对歌成婚，是古代安溪茶乡的特殊风俗之一。男女青年或于茶园，或以安溪茶歌调对歌，表达爱意。

古代安溪婚俗中，婚前礼仪有一道“办盘”的习俗，男女婚期既定，男家于婚期前若干日，要备齐聘金、礼盘到女家。礼品除鸡酒、猪腿、线面、糖品外，茶乡往往还要外加本地产的上好茶叶。

茶婚俗

婚宴之中，上几道菜后，新郎新娘要按席敬茶。宾客茶后要念“四句”吉利话逗趣助兴，如“喝茶吃甜，祝愿新郎、新娘明年生后生”等。假如宾客有意开玩笑，不愿受茶时，新郎新娘不得生气或借故走开，要反复敬茗，直至宾客就饮。

新婚的第二天清晨，新娘子要谒公婆长辈敬茶。新郎逐一启示称呼，新娘跟着“阿爹”“阿娘”，敬献香茗。翁姑受茶，须送饰物红包压盅。其余家人也如是请茶压盅，至今风俗犹存。

婚后一个月，古代安溪民间有“对月”的习俗，新娘子返回娘家拜见生身父母。待返回夫家时，娘家要有一件“带青”的礼物让新娘子带回，以示吉利。茶乡往往精选肥壮的茶苗让女儿带回栽种。

丧事茶俗

在安溪，丧葬礼仪也有茶俗。在亲戚奔丧、堂亲送丧、朋友同事探丧时，主人都要对来客敬上清茶一杯。客人饮茶品甜企望得以讨吉利、辟邪气。清明时节，后辈上坟扫墓跪拜先祖，亦要敬奉清茶三杯。如清末著名诗人、茶商林鹤年在《福雅堂诗钞》中曾记述，因“经年未登先观察坟茔，于弟侄还乡跪香致虔泣”时，基于“先观察性嗜茶，云初泡过浓，二泡味淡而香始出，特嘱弟侄于扫墓忌辰朔望时，作茶供，一如生时”。

以茶祭祖

祈茶福（张观兰摄）

敬奉佛神

每逢农历初一和十五，安溪农村不少群众有向佛祖、观音菩萨、地方神灵敬奉清茶的传统习俗。是日清晨，主人要赶个清早，在日头未上山晨露犹存之际，往水井或山泉之中汲取清水，起火烹煮，泡上三杯安溪铁观音等上好茶水，在神位前敬奉，求佛祖和神灵保佑家人出入平安，家业兴旺。虔诚者则日日如此，经年不辍。

茶王赛

安溪最精彩的茶俗当推“茶王赛”。每逢新茶登场时节，茶农们要携带各自制作的上好茶叶聚在一起，由茶师主持，茶农人人参与评议，从“形、色、香、韵”诸方面细细品评，孰好孰劣当场判定，有的地方还敲锣打鼓把“茶王”迎接回家。随着近年来安溪茶叶小包装应用及贮存技术的发展，如今在安溪乃至整个闽南斗茶成风。工作之余，每人怀揣几泡茶叶（一般每泡 7 克），一起斗茶论道，其乐融融。这股斗茶之风，已开始在福建的其他地方，乃至广东、上海等地流行起来，久久不衰。

茶王上轿

（六）民间斗茶

闽南安溪人的“好斗”可是出了名的。特别是在每年“五一”

央视《过年了》栏目录制现场（刘伯怡摄）

“十一”，采制安溪铁观音的黄金季节之后，当地茶农茶商，并没有好好闲下来，而是积极参与到一出出、一场场的“茗战”中来。只要走进安溪，就会感受到这样的氛围，比过年过节还牵动茶乡人的心。

所谓茗战，是古代斗茶的叫法。古代斗茶，称茗战、斗试，又叫点茶、点试，是评比茶叶质量高低的一种既有刺激性又有雅趣的活动。相关资料记载，斗茶起于唐代，盛于宋，原为贵族豪门的雅玩。明清时，斗茶从深宅大院走向广泛乡野，逐渐演变为民间风俗。

到了清末民初，随着那棵著名的安溪铁观音的诞生和传播，习好斗茶的安溪人，更是为了比一比“观音雅韵”，“斗”得

民间斗茶

不可开交。

斗茶，也逐渐发展成为有组织、有规模的名茶评比活动，评出的第一名为“茶王”。此后，闽南安溪当地民间茶人，习惯上把有组织、上规模的名茶评比活动，称为“茶王赛”。

茶王赛形式多样，规模大小不一，有民间赛，也有官方赛；有村落赛，也有区域赛；还有全县、全省、全国，乃至国际赛。较为大型的茶王赛事，前后一般分茶王竞赛、茶王竞卖、茶艺竞演三个阶段。先以村为单位“初战”，再由各村选送的作品进行复战，聘请县内著名茶艺师、品茗专家评选优劣。复战中选出的作品，以无记名形式，由全国、省、市、县的茶叶品评专家组成的评议团决出胜负，被评选为第一名的作品，拿下茶王。

每当一场较为大型的茶王赛启幕，不仅会有当地品牌茶企排着队来助阵，现场还会结合茶艺、茶歌、茶舞表演、文艺踩街、茶王拍卖会等形式，把当地与茶息息相关的民间茶文艺表演，像闹市摆摊一样，展现出来。

在斗茶的“集体狂欢”当中，参与送茶样的茶农茶商，无疑是冷静而虔诚的。在闽南安溪人看来，能够问鼎宝座，赛茶封王，其中也包含了某些神秘的运数。当采茶时节来临，所有参与茶事活动的茶人，必须沐浴、戒荤、拜观音和茶祖。

在安溪铁观音制茶的最佳时节，为了能够在往后的斗茶赛上摘金夺银，茶农都会精心打理每一天采制的每一片茶叶，而每一泡新茶一出炉，都要反复冲泡，悉心比较，认真琢磨，分析得失。

茶农之间也互相铺开瓯杯，频频聚会，互相切磋，比试高低。一场场小型的斗茶会，在茶农与自己的经验感悟之间，在茶户与茶户间，村落与村落里，默默展开，恰如潜流暗涌。

茶农忙于炒茶比茶，而那些来自各地的老茶商老茶贩，嗅觉最为灵敏，不分白天暗夜，只要一闻到茶香，哪怕山再高，路再陡，都要追来，二话不说就甩出大价钱，要“抢”茶。只有“斗”得过老茶商老茶贩的，才能“保”住好茶来。

一到茶季，安溪到处可见斗茶赛

斗茶英雄会

经历了村落里的“明争暗斗”，再经过乡里、县里“步步惊心”的初战、复战，茶王赛现场，龙争虎斗，万人空巷，更是扣人心弦。烧水、烫烧茶具、落茶、冲汤、落盖、出茶、鉴赏、品评……台上评委不疾不徐，斟香酌韵，好中选优，优中寻冠。

在震耳欲聋的鞭炮锣鼓声中，茶王桂冠得主，头戴礼帽、身着红袍、腰扎宽绸、手捧奖杯，满面春风地坐在茶王轿上，由数百上千人组成的彩旗队、管乐队、锣鼓队、舞狮队簇拥着，吹吹打打，踩街穿巷，好不威风，这一份荣耀就是旧时新科状元也比不上的。茶王不时举起手中的金杯向路过的观众示意，那奖杯和他的脸上一起闪烁着耀眼的光芒……

榜样的力量无疑是巨大的。在安溪当地，一场场的斗茶会、茶王赛比下来，博得头筹者荣耀加身，街头巷尾处处被点赞，电视报纸反复播送，这让更多茶农投入茶园，精心呵护每一棵茶树，虔诚地制作着每一泡茶香。而茶商茶贩们，则更忙于追“茶”到底，以拿到一泡茶王为荣。茶企茶店则将茶王茶视为镇店之宝，轻易不示人，意在招来更多的爱茶人。

很长一段时间，安溪乃至全国各地的爱茶人，都会各自揣上一小包安溪铁观音好茶，或到办公室，或到同事家中，与亲朋好友一起摆开功夫茶具，一番泡饮，一争高下。“斗茶”成为一种时尚。

为此，有微信上的文章这样总结安溪人的“好斗”行为：

> 安溪人，真好斗，好茶出炉就要斗。三三两两围一桌，开水一冲就开斗。你一撮，我一撮，斗到日出与日落。茶人抬脚刚刚走，关起门来窝里斗。左邻右舍常开火，家家户户时时斗。
>
> 村斗村，户斗户，村民还要斗干部。斗完村里斗乡里，乡镇斗赢县里斗。斗来斗去斗不够，非要斗到拿头筹。别人斗，是真斗，披红挂彩不好受。安溪斗，也真斗，摘金夺银出风头。斗出王者满街秀，八抬大轿任遨游。
>
> 斗出县市斗神州，斗完潮汕斗香江。斗过东北斗华北，斗完西南斗华南。斗过南洋望东洋，漂洋过海好洒脱。进法国，驻英国，走出海丝斗亚欧。登美洲，入澳洲，斗开茶路通全球。
>
> 斗出香韵来入喉，斗满天下皆朋友。观音雅韵最淳厚，斗来斗去斗不透。安溪人，真好斗，一份热情心中留。斗看春秋岁月久，天地澄澈乐悠悠。

六

茶人荟萃香满园

安溪铁观音的长盛不衰，凝聚着安溪茶人的心血，折射出安溪人的智慧，镌刻着安溪人的坚韧。在安溪，有一批世代相传、精于铁观音制作的制茶大师。这些制茶大师的身上，大都有一部不平凡的成长史，有着一个个动人的故事。

（一）魏月德：佛心事茶

魏月德（刘伯怡摄）

魏月德，魏荫名茶有限公司董事长，安溪铁观音制茶工艺大师、中国制茶大师、国家级非物质文化遗产乌龙茶（铁观音）制作技艺代表性传承人、茶文化传播者。

不论是茶叶采摘，还是茶树种植、茶园管理、茶叶制作等方面，魏月德都相当娴熟。在魏月德眼里，安溪铁观音是“天赐神树”，因此管护、采摘、制作容不得半点马虎。要做出一泡好茶，对茶叶应该要有“敬畏之心”，必须要达到“人与自然”“人与茶悟”“心与茶性”完美结合，所谓人身到位、技艺到位、精神到位、人心到位。

他从 14 岁开始学制茶，采晒摇摊揉炒焙，一学就上手，凭借悟性，两年后，就能将同属乌龙茶品种的梅占、毛蟹等茶叶做出特殊的品质。

1984 年，他有了茶叶加工厂，直到 1986 年工厂才得以注册，这是安溪首家由私人创办的茶叶加工厂。就这样，他带着自己工厂出产的茶叶，走广东，跑潮汕。一开始生意顺风顺水，小有成就。后销售公司因故取消订购合同，他只能沿街叫卖茶叶。

1990 年春节前夕，有位老乡返家过年，委托他销售一批茶叶。彼时汕头茶市形势上扬，安溪铁观音一时奇货可居，让魏月德绝处逢生，帮老乡代销的 3000 千克茶，让他赚了 5 万元。待他“富贵还乡”，准备搭修房屋时，突如其来的山体滑坡，一下子吞没了所有财产，好在家人安然无恙。

经历多次沉浮，魏月德不改初心，坚信人在信心在，总会有变

中央电视台记者采访魏月德

好的一天。收拾行李和茶叶，魏月德重闯汕头，东山再起。1992年秋天，他贷款2万元在老家松林头举办茶王赛，请来茶界泰斗张天福亲任赛事评委，把茶王比赛中获前15名的100多千克茶叶以每千克200元的价格悉数收购，带到汕头，转身每千克便卖到600~1000元。

此后，除了组织茶王赛，他还拍卖茶王茶，拍出每500克（1斤）16万元的天价。同时，在全县茶王赛风生水起之际，他主动出击，参加县乡茶王赛，屡屡拔头筹，1997年问鼎当地高规格的县级茶王赛茶王，成就“茶王级的茶商”美誉。

大半生茶海浮沉，有过三四车茶叶被海水泡掉而血本无归的挫折，有过讨要茶款不成致资金周转困难等窘况，但每次他都能挺过来。在茶生意上稍有起色之后，魏月德总想着要为安溪铁观音、为家乡做点什么。比如，在安溪城东修建一座铁观音文化园，创办安溪铁观音非遗传习所，展示安溪铁观音茶文化，开业授徒；在老家松林头，为保护铁观音发源地、维护铁观音母本源，打造铁观音茶香人家、乌龙茶铁观音制作技艺传习所；开辟铁观音茶旅路线；在西坪当地，筹建起气度宏伟的茶禅寺、茶圣殿，供奉观音菩萨、茶祖、茶神；等等。

稍有空闲，魏月德就坐下来，理一理老祖宗“口传身教”留下的茶言茶语，也有很多茶农跑来问制茶秘诀。问的人越来越多，魏月德干脆花心思出了《魏荫与铁观音》《铁观音秘笈》《铁观音前世今生》等几本书，把种茶经、制茶经等一一整理出来，并在安溪当地招收了一批徒弟，悉心传授。魏月德说，老祖宗的法宝，必须发扬光大，作为国家级非遗（非物质文化遗产的简称）传承人，他有这个责任。

（二）王文礼：胸怀国茶战略

王文礼，八马茶业董事长，国家级非遗乌龙茶（铁观音）制作技艺代表性传承人，身兼中国茶叶流通协会副会长、中国茶业联盟副理事长、泉州市工商联副主席、安溪县政协副主席、安溪铁观音同业公会会长等职。

王文礼

1993年，王文礼辞去《深圳法制报》记者职业，回到故乡安溪西坪创办安溪溪源茶厂，后来溪源茶厂更名为八马茶业。在厂里，王文礼牛刀小试，把铁观音作为乌龙茶原料，打入日本伊藤园、三井物产、三得利、丸红、可口可乐等国际大型饮料企业，成为日本乌龙茶饮料大佬最亲密的供应商。此时，八马茶业不仅积累了第一桶金，还积累了能与世界接轨的管理经验，成为20世纪90年代铁观音行业的龙头企业。

从1997年开始，王文礼决定要靠品牌胜出。他先从最擅长的抓品质入手，制出精品，先后在1998年11月、1999年6月、2005年11月三次获县茶王赛金奖茶王。从此，八马品牌知名度逐渐打响。

2005年，王文礼投入巨资在安溪龙门创办具有国内先进水平的现代化加工厂，建设具有国际水平的铁观音生产线，成为铁观音一

王文礼董事长介绍赛珍珠独特的三香

张靓丽的名片。与此同时，王文礼又从深圳出发，在福建家门口开了数十家大型旗舰店，并一路向北开设连锁店和专柜。

2007 年，王文礼率先实施企业品牌化战略，通过品牌定位、品牌培育、品牌打造等有力举措，使得八马品牌从乡镇企业向民族优秀品牌跃升，在全国开设超过 1000 家连锁店，跻身中国品牌 500 强，助力中国从茶叶大国向茶叶强国转变，并引领大批民族茶叶品牌崛起，为改变中国茶叶行业“散、乱、小”的状况起到了榜样作用。与此同时，在国际市场上，他从日本、东南亚开拓到欧美、非洲，从散装茶升级为品牌茶输出，并通过与 6 家世界五百强公司合作，促使企业管理走向国际化。

2009 年，文化部公布第三批非遗项目代表性传承人，王文礼和魏月德分别以“王说”和“魏说”代表，入选为国家级非遗乌龙茶(铁观音)制作技艺代表性传承人。

2011 年，王文礼聘请大师策划、明星代言、名师设计，全方位树立铁观音领导品牌的地位，亮出了中国茶界“尖刀产品”——赛珍珠铁观音。赛珍珠一经面世便风靡茶市，经过连续 6 年数十场赛珍珠全球巡回品鉴会和全方位多维度推介，赛珍珠成为中国茶叶现象级产品，并引领浓香型铁观音进入市场主流。

从当初的员工 9 人到现在的数千人团队，经历了 25 载栉风沐雨的王文礼心无旁骛，一心一意从事茶叶，继续领航八马茶业，努力在中国茶界树立起标杆和典范。

2017 年 9 月 3 日，八马茶业成为厦门金砖会晤指定产品；2018 年 4 月 28 日，八马茶业姜雨桐和廖雪花两位茶艺师经过严格选拔，在湖北东湖为中印两国领导人非正式会晤茶叙做茶艺服务；2018 年 5 月 29 日、6 月 3 日、6 月 5 日，8 月 23 日，八马茶业分别在福州、泉州、厦门、武汉举办国茶战略发布会。王文礼信心满满地说，八马茶业已实现从区域品牌向全国品牌的蜕变，八马茶业未来将以国茶标准严格要求自己，对标国际，将八马茶业打造成茶界的“茅台”、东方的“拉菲”。

（三）高碰来：让百年茶号展新姿

2017 年底，省级非遗乌龙茶制作技艺代表性传承人高碰来，以小罐茶名义在北京举办了一场颇为隆重的安溪铁观音高端品鉴会，让“高建发”品牌在京绽放光彩，时距其先祖高榜龙于1908年创立高建发这一商号，已五代百年。

高建发茶庄的茶园花海

高碰来，安溪虎邱人，第二批中国制茶大师。“高建发”商号传到他这一辈，正是百年茶香中国、风云变幻的历史时刻。100前，高建发创始人高榜龙经营茶叶、丝绸、瓷器等洋务生意。从闭关锁国到被迫打开国门的纷争年代，夹缝中求生存的高榜龙派次子高云平漂洋过海，前往华人集中的新加坡，在克罗式街上分设茶行，分香南洋。

此后，高建发商号第三代传人、高云平次女高铭莉，接棒高建发茶行，陆续在新马泰一带开设80余家分店，销售铁观音，乃至扩张到整个福建乌龙茶系。

彼时交通落后，高家把制作完成的茶叶用木箱打包好后，依靠雇佣牛帮从安溪出发，走45公里山道，翻山过岭，“跃”安溪龙门，经安溪大坪到厦门同安，再租小船运至厦门港口，辗转海外。时至今日，高碰来接棒祖业，仍旧生产商号创立伊始的首款传统产品纸包茶。茶香之外，油印色彩、繁体汉字、佛教玉女或椰树图案，透出浓郁中外融合风情，持续洋溢东南亚。

中华人民共和国成立之后，高建发商号坚持经营福建茶叶，并于1953年在厦门设立第一家分行。公私合营期间，出口权交由国家分配，厦门分行被撤销；高建发商号第四代掌门人、高碰来的父亲高清良，回到安溪继续种茶、制茶。之后20年，高清良与新加坡茶行往来受阻。随着改革开放的春雷响彻神州，高清良立马着手安排铁观音出口，带着配额出口的安溪铁观音茶叶闯深圳，入香港，转去新加坡，让茶号延续着这一脉观音雅韵的香醇滋味。

高碰来

高碰来18岁高中毕业，被父亲安排到漳浦南山农场学茶，后进入一家国营茶厂。20世纪90年代初，随着大批下岗潮来袭，他毅然回到安溪，自主创业，决定倾注于安溪铁观音，重振家族事业。

高碰来一身的好茶技，加上海外背景视野宽阔，凭借单干力量，很快就迎来了日本方面的订单，高建发商号一举成为日本三得利、伊藤园等世界知名饮料品牌的原料供货商，且一做就是数十年。

高碰来并不满足于此，他考虑更多。比如，那会儿日本还未实施苛刻的肯定列表，他就想到推标准，率先搞联合茶叶产销行为，实行“联作制”，这让安溪数十万茶农也获得实实在在的红利。眼看着五百强企业纷纷来寻找合作，他更是建金牌茶庄园，推出庄园化管茶法，在茶山嵌入格桑花海，嵌入一批批数字化系统等“秘密武器”，缔造茶产业4.0时代。这些做法，让高碰来的合作空间越来越大，也就有了开头一幕。

省级龙头、品牌茶企领军人物、米兰世博会金奖茶……一路走来，高碰来的企业、他自己、他做的茶，载誉无数，而他最想说的话是：我一辈子做茶，跟铁观音打交道；现在站在巨人（安溪铁观音）的肩膀上，愿为中国茶、中国梦的大事业添砖加瓦，尽绵薄之力。

（四）肖文华：国礼茶的守护者

肖文华

肖文华，安溪龙涓人，华祥苑茶业股份有限公司董事长，省级非遗乌龙茶制作技艺代表性传承人。

当别人满足于在几十平方米的茶店做销售批发，肖文华则在厦门禾祥西路，开了一家300多平方米的茶文化体验店。卖茶的同时，还营造喝茶氛围、引领品味茶文化的生活方式。

在肖文华看来，普及与传播中国茶文化，是他责无旁贷的使命。

肖文华向外宾介绍铁观音制作

肖文华与钓鱼台国宾馆“联姻”，做国宾礼茶；入驻首都机场，辐射全国高端客户；参展奥林匹克展览会，亮相国际展会，擦亮铁观音品牌；参加上海世博会，成为世博礼茶，锻造铁观音的含金量。之后，走进联合国，参加丝绸之路投资论坛，探路国际市场；结缘英国安德鲁王子，将安溪铁观音注入英伦风尚元素，一举端进英国皇室，对接起一拨接一拨的欧洲高端群体。

从北京到河南、上海等地，到悉尼、日本、韩国，再到法国、英国和西班牙等国家，一路悉心推茶，一路巡回品鉴茶文化，肖文华像个十足的布道者，以最优雅最中国的方式，捧出瓯瓯浓情茶韵。“华夏荣光，全球盛会”“吉祥中国，茗扬世界”“美好祝苑，邀您参与”“美好生活，从茶开始”“茶让世界更美好”等标语一度在各地流行。

当人们认为肖文华在茶文化推广上越走越远时，他却跑回安溪西部边陲的龙涓乡珠塔村，搞起茶庄园。在铁观音茶园导入欧洲葡萄酒庄园模式，让欧洲思维接轨东方文明，中西合璧，让好茶大放异彩；促使联合国南南合作示范基地、茶界泰斗张天福有机茶示范基地、钓鱼台铁观音基地和国家生物学理科基地福建农林大学合作研发中心等先后落户。随着各项建设的次第完工，铁观音茶庄园、标准化现代工厂、500 多家品牌连锁加盟和典雅有致的儒士馆，尽纳于华祥苑版图之中。

2017 年 9 月初，金砖国家领导人第九次会晤期间，俄罗斯、巴西、印度三国领导人，几内亚、南非、埃及、墨西哥总统及夫人，泰国总理及夫人等都经过会场茶叙现场，在第一时间喝上了肖文华的茶。他创制的国宾茶更是被作为国礼赠给俄罗斯总统普京，并在会晤结束后被带上总统专机，飞向克里姆林宫。

肖文华旗下培训出来的茶艺师为他们奉上了一杯杯洋溢着中国山水田园韵味的中国茶，她代表的不仅是安溪铁观音，还彰显着泱泱五千年的中华文化，诠释着崛起的中国人民的幸福生活。据茶艺师后来回忆：当他们迎面走来时，我们都会按最高茶礼仪标准奉茶，尽管各国元首及夫人们的语言各不相同，可他们说出的“good”，是听得懂的！茶无国界，美美与共！

2018 年 2 月 1 日，北京钓鱼台国宾馆，中英双方领导人夫妇进行茶叙，肖文华带领首席茶艺师等人组成中国茶文化传播使者团，在中英两国领导人夫妇面前完美展现了闽南铁观音十八道功夫茶艺，奉上一道道纯正中国茶。铁观音茶还作为国礼赠给英国首相特蕾莎·梅夫妇。这是继金砖会晤之后，铁观音再一次在全球聚焦下大放异彩的时刻。

（五）陈素全："茶王茶，你也能做"

陈素全

陈素全，安溪县祥华乡人，第二批中国制茶大师，县级非遗安溪乌龙茶制作技艺代表性传承人，国家高级评茶师、高级茶叶加工技师，绰号"茶王专业户"。

祥华乡，是个出茶王的地方。小时候，陈素全觉得当茶王很威风，吃好的喝好的，还让乡亲们追随，所以他发誓也要当茶王。果不其然，16 岁陈素全就当上了茶王。

他说，做茶王，要善于拜师。拜一棵铁观音为师，学会种好它；拜父母为师，或厉害的茶人为师，采晒摇摊炒揉，制茶程序每一关先练到家，再试着学习个人的秘诀；再有不懂的，就拜课本为师。

做茶王，要敢于相斗。安溪斗茶成风，斗赢者沾沾自喜，斗输者垂头丧气。陈素全想的不一样，赢了找更好的比试，输了就缠着人家问出茶叶缺点，回去对着茶青再实验再总结。这么一斗，让他斗出名堂来。从十几年前斗回县级制茶能手开始，他一路斗茶一路获奖。如今省市县各级各类奖项不下几十个，清香型、浓香型、陈香型金奖茶王他拿过，安溪铁观音评审、拼配、烘焙金奖茶王他也拿过，为此被朋友戏称是“茶王专业户”。

2017年春茶上市，安溪县举行首届安溪铁观音大师赛。赛事期间，先雨后晴，3次做青时机几乎涵盖了制作一泡安溪铁观音所能遇见的寻常做青难题。3次做青，陈素全排名稳居前列。一路闯关夺隘，最后拿下“安溪铁观音名匠”称号。

几年来各地比茶赛茶，陈素全深感天外有天，茶王茶外有茶。为让安溪铁观音在全国各地站得住脚，且永立不败之地，陈素全坚持走出去，到全国各地学茶。首先到各地收集天下好茶。每到一个产区，陈素全就会拜访当地有名的茶师，拿出铁观音交流比较，再买些当地茶回来，自己慢慢琢磨，丰富对安溪铁观音的横向认识。

接着是在家里种植天下百茶。每到一个茶类原产地，陈素全还会找当地茶农或茶叶研究所，带回茶种来种。陈素全在家里的铁观音基地旁，建了几百亩的百茶园，和铁观音同种植，同制作，通过比对，纵向认识安溪铁观音。陈素全自感对安溪铁观音有了一定程度的认识和总结后，就把部分总结材料整理好，试着给《中国茶叶》等茶界权威杂志投稿。

每次拿奖赢茶王，很多乡亲都跑来问做茶诀窍。陈素全想独木难成林，每次都耐心解读。问的人多了，陈素全干脆成立研究所，与福建省农业科学院茶叶研究所、安溪县农茶局合作，建立纯种铁观音基地，和13名茶叶科技人员一起，研究种好茶、制好茶。同时，成立合作社，带动大家出产好茶，脱贫致富。陈素全还建设非遗传习所，利用县级非遗安溪铁观音茶技传承人身份，为天下茶人提供参观见习、体验制作、品茗寻韵等茶旅服务。

如今，做茶，研究茶，已成为陈素全的生活习惯。作为安溪茶人，陈素全的梦想是带动更多安溪茶人，研究传统好茶铁观音，总结更简单明了的制茶经验，受惠更广大茶农，让人人做得出茶王茶，让天下人喝得了茶王茶。

（六）王艺生：德高艺精老茶人

王艺生，安溪西坪尧阳人，2012年获评首届“安溪铁观音制茶工艺荣誉大师”，2018年，被中国茶叶流通协会评为首届中国制茶大师。

王艺生

1966年，15岁的他就已是做茶能手，被聘为小队长。彼时，统收统购时代，生产队所产茶叶，都要卖给收购站，做出来的色种茶一等每500克卖到2.58元，二等卖到2.36元，铁观音一等卖到4.4元。尽管王艺生年少，但他一出手就要做到最好，这让不少人称服。

1979年，王艺生接替父亲，补员到国营安溪茶厂从事审评、拼配工作，由于技艺娴熟，且责任心强，很快就成为厂内骨干。1980年，厂里决定让他专事茶叶拼配，担任茶厂拼配师傅，这让他有机会领悟到更多制茶方法。

1982年，王艺生升任茶厂生产技术科副科长。同年，由他拼配的凤山牌特级铁观音，获得国家金质奖，他拿到1000元奖金。要知道在当时这是一笔不小的数目，因为直到1995年，茶厂的工资也才每月525元。

1993年，王艺生进入八马茶业前身溪源茶厂担任主评茶师，全程把关茶厂产品质量。在把关严格的日本市场，溪源从未出现过退货情况，并且出口日本的高档铁观音茶品，有1/3是王艺生亲自操刀推出来的。

八马茶业尖刀产品赛珍珠，也是王艺生和董事长王文礼等核心团队研发出来的。一泡赛珍珠，耗费了王艺生、王文礼团队3年多时间，做了不少于千次的实验。其间，王艺生连续熬夜是常有的事。

谈及赛珍珠的秘诀，王艺生笑称，没有秘诀。他说，就像每个人都有一个名字，就像人与人不一样，赛珍珠身上有一些传统元素是独有的。比如产地传统，赛珍珠的原料来源于安溪铁观音优质区域西坪、祥华、感德等几十个山头，茶园生态良好，种植管理得当，以施用有机肥、农家肥为主，鲜叶基础好，做出来的毛茶香气高、滋味好。

何为品质传统？这是业界经常在争论的话题。真正的好茶香味是清幽而不张扬的，赛珍珠的茶香就是这样，但是它的茶汤有质感，滋味甘醇，回甘明显，冲泡至8遍以上还有香味和滋味。把杯子倒过来看叶底，赛珍珠的线条绸缎一样完整而漂亮。

王艺生动情地说，要把一泡茶做好，就是做到老学到老的过程。制作精品安溪铁观音，必须具备“天、地、人、种、艺”五个要素，历经“采、晒、摇、晾、炒、揉、焙”等制作工艺，而所有的做茶精髓是用心、耐心和匠心。

其中，采青的关键是新鲜完整，做到“五不”，即不折断叶片，不折叠叶张，不碰碎叶尖，不带单片，不带鱼叶和老梗；晒青须在晴天午后；摇青要出茶汁，摇出“绿叶红镶边”；晾青注重退火补水，注重持续保鲜；炒青需要以抛、翻、抖、揉、撒、抓、压等10多种手法交替炒制，火候控制得当，缓慢、分次把握温度从低到高，激发茶叶香气；揉捻要有节奏地热揉，让条索紧结起来；烘焙则是考验茶师的火功……

关于制作，王艺生遵循传统，领悟更多，他不仅自己带头做，还带出周爱民、谢承昌、雷德发、吴彩焱等优秀徒弟，他们有的已是安溪铁观音工艺大师，有的是国家一级评茶师，成为诸多茶企的顶梁柱。

（七）温文溪：做中国的“立顿”

温文溪，安溪县中顿茶叶专业合作社理事长，中国制茶大师，安溪铁观音制茶工艺大师，福建首届制茶高级工程师，国家高级评茶师，国家高级茶叶加工技师，国家职业技能鉴定站高级考评员，县级非遗安溪乌龙茶制作技艺代表性传承人；曾获评“中国茶产业十大风云人物”“泉州市优秀农村实用人才”等。

温文溪

从对茶叶一窍不通到茶叶专家，温文溪凭借对中国传统茶文化的热爱，将传承好茶文化的理想信念转化为不懈的学习、钻研的驱动力，用辛勤的汗水浇灌梦想之花，并由己及人，为许多逐梦的茶人注入正能量。

温文溪是安溪县金谷镇景坑村人，虽从小生长在茶乡，喜欢喝茶，但他对铁观音的制作却并不熟悉。直到 1999 年从部队退役后，面临择业时，源于让更多地方的人喝上安溪铁观音好茶的理想，他选择投身铁观音生产制作行业。回到家乡后，他向村里承包了 10 多亩山地开辟茶园。从那时起，温文溪才真正开始步入自己的“茶路”。

此后，深受李宗垣、张木树等老茶人对茶文化传承的执著理念影响，温文溪越发地迷恋上了茶产业、茶文化，主动寻找机会参加安溪县举办的各种茶叶知识培训讲座，努力提高茶学理论水平。每逢安溪春茶、秋茶盛产期，他深入产茶乡镇，吃住在茶农家，勤奋钻研。在几年的茶叶研究学习中，温文溪掌握了大量的茶叶知识和技能。2008 年，他获评年度安溪“青年制茶能手”，成为当时安溪县最年轻的国家一级评茶师。

2010 年，温文溪创立了属于自己的茶叶品牌——中顿茶叶，朝着将安溪铁观音打造成为中国茶叶的“立顿”梦想进发。他说：“中国是茶叶的发源地，我们有一脉相承的茶文化，但是我们自己的国际品牌比较少。以前人们说中国的七千家茶厂比不上英国的一家‘立顿’，我深深地被这句话所刺痛。所以，在合作社申请时，我就申请叫‘中顿’，就是要做中国的‘立顿’，用文化自信打造中国茶叶国际品牌，迎来民族传统茶文化复兴。”

温文溪深知，要实现这一目标并非单靠个人的努力即可，需要有梦的安溪茶人们共同努力。他希望将自己制作铁观音茶的技艺，乃至对茶文化的自信传导给更广大的茶乡群众，“为更多追梦人引路”。一有空闲时间，他就把乡亲们召集起来，为他们讲授制茶知识并现场制茶。同时，他还担任安溪铁观音制茶专家服务团副团长、安溪农民讲师团成员，多次深入田间地头、到企业讲堂上课，为茶农、企业员工、合作社社员讲授茶叶生产制作技术，提升安溪铁观音制作水平。

温文溪还把从业经验和制作茶叶经验传授给下一代茶人。2006 年 8 月，安溪华侨职业中专学校开办茶艺专业，聘请他为茶叶专业教师。在教学中，他注重理论与实践相结合，自编《评茶员》职业技能培训教材，主持学校的茶艺师、评茶员、茶叶加工培训鉴定工作。甚至有一些外国学生慕名前来学艺，这更让温文溪明白，安溪茶人应该加强安溪铁观音品牌自信和价值自信，握指成拳，形成合力，再次实现腾飞。

（八）李金登：闻香识茶

李金登

李金登，安溪虎邱人，县级非遗安溪乌龙茶制作技艺代表性传承人、国家级评茶师、茶叶加工助理工程师。首届安溪铁观音大师赛第一名，获得 100 万元大师研究经费，所制代表性茶品拍出每 500 克（1 斤）108 万元的价格，所得款项悉数捐献给安溪县扶贫开发协会。

在安溪铁观音大师光环加持之前，李金登系高级评茶师、茶叶加工助理工程师、安溪县新型职业农民，黄金桂研究会发起人，安溪县有机茶协会成员，手头管理着香都茶叶专业合作社、正秋茶叶专业合作社。

初中毕业当年，李金登 16 岁，家里条件实在不允许他继续上学，于是他就选择去小学当代课老师，领着 50 块钱的工资，为家里减轻负担。教了两年书，扔下课本，李金登买了大量茶书，开始学茶制茶。一到茶季，他便跑到西坪、龙涓、感德、祥华等乡镇，向当地制茶师傅们讨教，寻找“看青做青”的秘密所在。

但每次去“偷师”，李金登都会注意到，在茶叶进入滚筒摇青时，师傅们都会待在跟前，静立着，神情特别庄重。原来“看青做青”重点在于“闻香”，通过闻空气中的茶味，来辨别茶叶发酵的程度，适时下锅杀青，抓住神秘的“观音韵”，稳定茶叶品质。李金登顿时明白“八字真经”的奥妙在这里。

看青做青，是铁观音制作中最重要的环节，说白了，就是要懂得“闻香识茶”。李金登如饥似渴，翻阅大量茶书，书中讲到，安溪铁观音青叶中含有几百种香气，而成品安溪铁观音香气也达数百种。这么多香气互相作用，就是“观音韵”所在。

然而，这么多香气，怎么辨别得来？李金登又糊涂了。恰好，李金登家乡双都这个小山村有个茶品种，成品茶有特殊的梨子香味，都传了好几代。李金登决定在小品种茶上锻炼“闻香识茶”本领，毕竟只需要辨别梨子的味道。

一边看书，一边实验，李金登的梨香茶做得特别好，四里八乡的茶农都来品，四里八乡的茶商也纷纷赶来买。李金登回忆说，以前，他做的梨香茶还卖出过比铁观音更高的价格。

梨香茶能做好，铁观音香气那么多，能不能通过闻香识茶法做好呢？闻香首先得懂香味。为了辨别各种香味，李金登想到的办法是，买回时鲜水果，收集各地各样的鲜花。闻香识茶法终于学成，对于什么香，什么时间摇青，他逐渐在心中累积起一张“寻宝图”。

按图寻宝，李金登不仅自己做出了观音韵十足的安溪铁观音，还组建了茶叶专业合作社，和安溪当地茶农一起做茶。如果有茶农来咨询问宝，李金登亦是有求必应。李金登相当自豪，自己不仅破解了祖宗留下来的“看青做青，树叶成金”的秘诀，也拥有了自己的“闻香识茶法”。

而真正让李金登一举成名的是，2017 年安溪铁观音春茶上市之际，安溪举办的那一场声势浩大的百万元重奖安溪铁观音大师赛，李金登亮出他的闻香识茶法。做茶时，他用闻香识茶法，讲茶时，他讲闻香识茶法，评茶时，他一如既往地运用闻香识茶法。李金登的绝招，赢得了普遍的赞誉。

（九）王清海：沉浮茶市爱茶人

王清海，安溪县剑斗镇人，县级非遗安溪乌龙茶制作技艺代表性传承人，国家二级评茶师，高级茶叶加工工。2017 年，拿下首届安溪铁观音大师荣誉后，王清海在安溪当地金融行政服务中心，商政企人士频频出入的地方，亮出了自己浓韵汇门店的彩色大字，吸引众人目光。

王清海

从幼年开始，王清海就闻着茶香，因那时剑斗创设镇办后山茶场，父亲王先节担任剑斗镇后山茶场一把手，做了 26 年场长。17

岁那年，父亲内退，儿子本可“补员”到公家单位，让父亲给觅一份工商或税务的热门职位。不曾想，王清海自己选择接下老父亲的茶班，进入茶厂当学徒。

安溪铁观音注重摇青，彼时后山茶场5台摇青机，分5个机长，王清海被分到其中一个机长身边跟班，一路学摇青、炒制、审评。在公家茶厂“修炼”3年，王清海出师到感德岐山茶叶加工厂上班。几年后，岐山茶厂解散，王清海回家自己干。

1995年，王清海联系到广东虎门的一位茶客，对方给出每500克（1斤）14.5元的“高价”。王清海很兴奋，收了4500千克茶叶，马不停蹄地运到广东客的茶店，广东客答应一个星期后打款。7天后，王清海不但没拿到茶叶款，还接到了降价通知。王清海前去交涉退货，广东客再次降价，说每斤6块给现金，不给退货。

王清海拉回茶叶，央求安溪当地茶商收购，大家就开玩笑说他的茶叶去广东探了回亲戚，也不出价。最后，一个叫王铁钢的当地茶商，做厦门外贸，以每500克（1斤）10元价格收了茶。王清海甩了烫手山芋，付了茶农茶款，心也凉了半截，准备一心跟当时在乡镇开服装店的爱人一起干。正当那时，王铁钢又来了，他找王清海合作，要他做的全部茶叶。

此后，恰逢安溪铁观音在全国茶市形势见好，王清海就自己做茶，还收购茶叶卖给不断寻来的茶商茶客。王清海收茶，不用开泡，直接“干切”，就是看茶定价，若是茶商相中直接加价10%拎走。用王清海的话说，那是茶叶自购超市，采取“批发茶，透明价”模式，算是首创，后来这也成为当地茶商效仿的办法。

2003年，王清海迎来事业巅峰期。每到茶季，每天6点到8点半，他就在位于剑斗市场的店面收茶，至少有500名茶农，会提着用塑料袋装的新茶前来。8点半自家门面收摊，稍作整理后，王清海于中午12点到下午2点，准时奔赴感德或祥华其中的一个收购点，隔日轮换收茶。当年，每天批发出去的茶叶都值五六十万元，而自家茶桌上的口粮茶也都会被一扫而空。

王清海赚了个盆满钵满，然后用卖茶叶的钱隔三差五在安溪县城买了家店面。就在2016年，王清海卖出了130000千克安溪铁观音，成为安溪当地人人称羡的“千担王”。2017年，春茶上市前夕，安溪县发出重奖百万元的茶师“悬赏令”，王清海报名参赛，一路过关斩将，成为首届安溪铁观音大师，拿下百万元大奖。

茶市浮沉，王清海倾情于安溪铁观音。大师赛后，他将名下清津茶业交给跟了十多年的侄儿，他自己则与安溪当地一干爱茶人，抱团开设了“浓韵汇”品牌店。做好茶，品好茶，让更多人感受安溪铁观音茶文化，这是他最朴实的心愿。

（十）刘金龙：做“有身份的茶”

刘金龙，安溪龙涓乡人，安溪县举源茶叶专业合作社技术总监，市级非遗安溪乌龙茶制作技艺代表性传承人，国家高级评茶师，茶叶加工高级技师，中级茶叶工程师。2017年，获得首届安溪铁观音名匠后，于2018年摘得第二届安溪铁观音大师荣誉。

刘金龙自小生活在村落的大队旁，那儿有个茶叶初制加工厂。别的孩子玩泥巴，他则跑到厂里看制茶师傅们制茶炒茶。12 岁时，他到厂里当学徒，在此期间他一鸣惊人，以一泡暑季好茶轰动整个大队。

刘金龙

2008 年，刘金龙创建举源茶叶合作社，管理大片茶园和几个茶厂。他在合作社茶园田野里导入产品溯源系统，了解茶树栽培过程中病虫害防治、施肥、修剪、除草、种植、耕作等日期及用药量等情况，做好鲜叶采摘和流向记录，整理好鲜叶采摘日期、采摘方式、数量、初加工工厂名称及最终抽检的农残检测报告等信息。

2011 年，刘金龙在安溪县城开设文化店，打出的旗号就是“有身份证的茶”。随手拿起桌上一小盒茶叶，用手机扫描一下产品包装上的二维码，可清晰地看到商品编号、形状、生长季节、上架时间等内容。每一泡茶都有一个条码，通过条码可查询全天候茶园管理项目，从茶园到茶杯，每一泡茶的“前世今生”，便一览无遗。他还在合作社茶园中实施六个“留”，管好一棵茶树，以期制出一泡好茶，展现一片好景。

首先是“留高”，就是留下高海拔区域茶树，并让茶树长出原本物种特性的高度，让修剪机械“手下留情”，改过去一律的“平头”为适当“修整”出的“大丛茶”。

其次，“留茎”，给茶树提供足够的养分。刘金龙认为，茶树高到一定程度，树茎高大，根系发达，生命力更强，吸收营养成分更多，抗旱、抗涝、抗寒、抵抗病虫害能力也会大大提高。

再者，“留绿”。茶园注重冬管，比如施用牛粪、羊粪等农家肥或有机肥，封园后在茶园套种绿肥类植物。次年3月，所有套种的绿植，可全部转化成茶树肥料，既防止水土流失，又保持生物多样性，改良提高土壤肥力。等到下半年再改种豆科植物，全年不使用农药和化肥。

还有，“留宽”，适当稀植。每亩茶园的株树、茶树之间，都要保持一定距离，让茶树自由呼吸。茶树疏朗了，茶园更加通风透气，光照效果好，病虫害不容易发生，种出来的茶叶，也就特别健康。

另外，必须“留草”，在园中适当留草代替深翻，对草“以割代除”。刘金龙认为，草根能帮助疏松土壤，草腐烂后变成有机肥料为茶树补给养分。只有高过茶丛的草才除，其他则留，使“山、水、草、虫”自成生物系统，良性循环，和谐相生。

最后，就是“留景”。好山好水出好茶，刘金龙有个目标，将“名山名丛”与“名师名茶”相结合，打出当地“牛困坪布岩寺”大丛茶的名号，配套种植沉香、小叶紫薇、樱花等名贵景观树种，有规划地做休闲观光农业的准备，让来客既能喝到好茶，又可悠闲赏景。遵照自然法则，刘金龙的茶树正一步步接近自然，整片茶园处于螺旋式上升状态。

（十一）刘协宗：此生只想做好茶

刘协宗，1976年4月生，安溪县长坑乡人，福建牧云山网络科技有限公司董事长，安溪县茶叶质量审评评委库成员，安溪县优秀农村实用人才，县级非遗安溪乌龙茶制作技艺代表性传承人，茶叶工程师，2018年获得第二届安溪铁观音大师称号。

刘协宗

“一个人，一辈子，一件事——专心做好茶！”这是多年以前刘协宗许下的诺言。这一诺，32年，400余枚奖牌，他已是名副其实的茶王专业户。因为爱茶，所以坚持。年少家贫，12岁刘协宗开始跟父亲学制茶。当年跟父亲纯手工制茶的场景，至今仍历历在目。

“一家生计全靠安溪铁观音，父亲对安溪铁观音有最淳朴的热爱。”刘协宗说，“潜移默化中，这种淳朴的热爱也遗传到我身上。”二三十年来，刘协宗潜心制茶，钻研制茶，“这棵伟大的神树就像我的‘再生父母’”。

在茶界，大家都管刘协宗叫“夜猫子”，因为钻研茶叶至凌晨两三点早已是他的工作常态。经年累月钻研，刘协宗积累了丰富的茶叶实践经验，他热切期盼“沙场秋点兵”，“能有大平台来检验我多年的钻研成果”。2017 年，首届安溪铁观音大师赛举行，刘协宗喜出望外的同时，困惑也随之而来：俩兄弟，一个名额。最终，刘协宗让弟弟参赛，自己只得憧憬着 2018 年的第二届大师赛。

“专注、用心、坚持。机会总是留给有准备的人。”刘协宗说，他尤其难忘大师赛中为补齐理论短板所下的工夫，每天晚上看茶书至凌晨；誊抄，因为好记性不如烂笔头；早起，沿大龙湖跑步，再择一静所，面向大龙湖纵情放声；统一制青环节，看到那些茶青，刘协宗心花怒放，“一泡好茶不容易，茶园管理是基础，做青是关键。这些茶青一定可以做出好茶”。当天晚上，刘协宗舍不得睡，通宵看茶青制茶，果然，该环节比赛他取得第二名的佳绩。

“我的一切都是铁观音赐予的。”怀揣一颗感恩的心，因茶而富的刘协宗不忘帮助更多的人。2003 年起，他开始利用自己的制茶技艺帮扶贫困茶农，“向他们传授制茶技艺，帮助他们制出好品质的茶叶”。就这样，刘协宗带出数十个徒弟，徒弟又收徒弟，帮扶效果产生裂变效应，许多人走上致富路，刘协宗喜不自胜，“组团帮扶，让一叶造福更多人”。他成为安溪县农民讲师团成员。

如今，身为安溪铁观音大师的刘协宗，在心中勾勒未来：建立大师工作室；建设生态茶园；成立铁观音传习所，多收徒弟，把自身所学毫无保留传授，以“一传十，十传百”模式，帮助贫困茶农脱贫致富；此外，携手更多爱铁观音、呵护铁观音的“铁粉”一起创造更大平台，向世界传播安溪铁观音“好声音”。

（十二）陈两固："野心"不减的老茶农

陈两固，市级非遗安溪乌龙茶制作技艺代表性传承人。出身安溪感德镇槐川村制茶世家，15 岁习茶。那时候，家里自留地分到的茶园有那么两三垄，做完家里的茶叶，他就跑镇办茶厂去打下手，帮忙看护茶叶揉捻机。别人看一台揉捻机，他看两台揉捻机，且每有空当儿了，他就尽量帮其他人做好制茶所需的每环节。

陈两固

后来，茶厂解散，陈两固失业了，但"野心"不减。开始单干，做的量少但茶香，引来个永春茶老板。多次收购陈两固的安溪铁观音后，茶老板对他说："跟我干，1 个月给你 1000 元。"

带着感激，跟永春茶老板，陈两固走进茫茫大山，守着工寮，育铁观音种铁观音，炒铁观音制铁观音，一低头守护就是 3 年。3 年后，陈两固返乡开垦并承包了不少茶园，他要做出属于自己的好茶。

彼时，安溪铁观音市场渐热，陈两固有野劲，有多年实践累积的茶技，做出来的铁观音香韵更高一筹，价格却略低于他人。这是因为陈两固有“野心”，希望能留住更多回头客。

事实证明陈两固是对的，有个外乡镇茶商来了很多次，见陈两固不仅诚实卖茶，还带着他四处购买邻居的茶。那个茶商开口说，你干脆直接帮忙代收茶吧，我再给你加价10%。

那个茶商一句话，陈两固有了茶农和茶商的双重身份。随后，好运叠加，很多人知道陈两固替人收茶，就把任务一并交给他。有外地茶客，干脆连人都不出现，直接往陈两固的银行账号打茶叶款。

陈两固一个人忙不过来，开始仿照很多茶商的套路，办茶厂，请家人朋友帮忙；办茶叶合作社，招呼邻居合作做茶。懂做茶，也懂卖茶，茶价又实在，愿意帮别人，这让陈两固很快摆脱困境，打了个漂亮的翻身仗。此外，他还收获了安溪铁观音制茶工艺大师、福建省最美农民等烫金名片，出了本关于茶叶制作技艺的书。

坐在安溪县城的门店里，陈两固常对熟人说，这辈子满足了。事实上，陈两固还是有“野心”的。自神农时代起，茶树就由野生渐被人类驯种，为人类所用。后来，越来越多的茶农将茶树种植于园内，进行精致化管理，茶树的“野味”随之淡化。

如何才能制作出“野味”十足的茶叶？他四处打探，经猎人朋友引路，他找到一片被大山林隐藏的野茶树。查地方史志，才知此地所产茶叶是几百年泉州府的贡品。

陈两固适当修整了茶园周边纠缠的藤条和杂乱的杂草后，就不再干预其生长，每年春茶采上一季，用安溪铁观音传统制作技艺精心加工，做来的茶叶“野味”十足，被陈两固称之为“野实”。

陈两固对野茶很满意，逢好友来就泡饮。在他的安溪铁观音茶园里，也开始了野化工作。除了挖掉多出的茶树，适当地除草外，渐渐“放手不管”，让其放养长大。

一有空，陈两固在安溪各乡镇大山转悠，寻找野茶树，建老茶树基地，声称要把更多好茶保护起来，开发出来。陈两固的“野心”，着实够大的。

后记

“八闽茶韵”丛书之一《安溪铁观音》，在众多领导、专家的支持和指导下，在反反复复的修改润色中，终于付梓印刷了。

这本书的顺利出版，首先感谢丛书策划方对中国茶文化的深度热爱，对产茶大省的用心用情，以及对安溪铁观音的关注关怀。还要感谢安溪各涉茶部门的负责同志、工作人员，他们提供大量的文字图片资料，让安溪的茶山风光、茶味风情，让铁观音的无限魅力得以在书中展现出来，绽放香韵。

茶韵安溪，以茶立县。一棵安溪铁观音，更是一路成就千亿品牌价值，连续位居全国茶类之首，而饮誉全球。茶润安溪，富民强县。安溪从曾经的国家级贫困县，到脱颖于全国县区百强队列，荣登“美丽中国十佳典范城市”榜，不能不说安溪铁观音起到了很大的推动作用。

安溪茶人，勇于创新。首种铁观音、黄金桂、大叶乌龙、梅占等，位列国家级茶树宝库；首创茶叶短穗扦插技术，斩获国家科技大奖；首制乌龙茶半发酵制作技法，跻身国家级非遗名录……创造了系列永载世界茶叶文明史册的大事件。

安溪茶人，爱拼敢赢。曾经，20 万安溪

茶商带着安溪铁观音，风行神州，创下“无铁不成店，无安不成市”茶界神话，书写“世界安溪人经济”商业传奇。如今，安溪茶产业二次腾飞路迅速铺开。安溪茶人秉承弘扬“不忘初心，坚定信心，弘扬匠心，上下同心”目标，致力传播“安溪铁观音好喝一身轻”理念，以云岭茶庄园为引领，正在努力携手迈步茶香新征程，共同扬帆播香海丝梦。

本书力求对安溪铁观音的前身今世、制作技艺，安溪茶艺文化、茶道文明等进行一番阐释说明，以期读者能够更好地认识安溪铁观音。

由于才疏学浅，力量有限，做得不够精致、深入，期待专家、读者能够不吝赐教。

作者